化肥减量应用
技术与原理

蒋玉根　戴学龙　麻万诸　主编

中国农业科学技术出版社

图书在版编目(CIP)数据

化肥减量应用技术与原理／蒋玉根，戴学龙，麻万诸主编. — 北京： 中国农业科学技术出版社， 2018.3

ISBN 978-7-5116-3327-9

Ⅰ.①化… Ⅱ.①蒋… ②戴… ③麻… Ⅲ.①化学肥料-施肥-研究 Ⅳ.①S143

中国版本图书馆 CIP 数据核字(2017)第 261987 号

责任编辑	闫庆健
文字加工	段道怀
责任校对	马广洋
出 版 者	中国农业科学技术出版社 北京市中关村南大街 12 号　邮编:100081
电 话	(010)82106632(编辑部)　　　(010)82109702(发行部) (010)82109709(读者服务部)
传 真	(010)82106625
网 址	http://www.castp.cn
经 销 者	各地新华书店
印 刷 者	北京建宏印刷有限公司
开 本	889mm×1194mm　1/32
印 张	6.875
字 数	187 千字
版 次	2018 年 3 月第 1 版　2019 年 5 月第 2 次印刷
定 价	38.00 元

《化肥减量应用技术与原理》

编 委 会

前　言

我国人多耕地少，人均农业耕地不足 1.3 亩，相当于美国的 1/6、阿根廷的 1/9、加拿大的 1/14。随着工业化、城镇化步伐加快，我国耕地数量减少趋势难以逆转。为满足粮食的自给和农产品数量的供给，我国加大了作物单产的攻关力度，增加化肥的施用。过去 60 年间，我国化肥施用急剧增长，有机肥、无机肥的比例逐渐失衡，有机肥施用几乎降至零点。有报道我国粮食产量占世界的 16%，化肥用量却占世界的 31%，每公顷用量是世界平均水平的 4 倍以上。

另外，氮、磷、钾养分的不平衡供应和过量化学氮肥的施用，造成化学氮肥当季利用率低（仅 30%左右），磷、钾肥当季利用率分别为 10%~15%和 40%~60%，损失严重。重施化肥、轻施甚至不施有机肥，使有机质积累缓慢而消耗多。由于我国土壤肥力低，农民为了确保高产而过量施用化学氮肥，造成氮肥供应与作物需求严重不同步。

长期不合理过量使用化肥，造成土壤结构变差、土壤板结、地力下降、农作物减产，农产品中硝酸盐含量过高、重金属含量超标。大量和过量的氮肥和重金属流失于环境中，污染土壤、水体、空气，威胁人类的食物安全和健康。虽然目前我国受污染土壤比例并不比欧美地区的一些国家高，但全国范围内土壤重金属含量在过去 20~30 年间呈明显上升趋势。由于追求产量，连作和过量施用化肥，导致土壤酸化严重、土壤生物活性下降、土壤养分转化很慢，很多设施栽培地土壤已经成为或正在变成"僵土、死土"。

土壤状况决定着整个农业产业以及人类食物链的安全问题。我国已经度过了商品短缺的时代，现在处在生态短缺的时代。土壤是生产食品重要的基础条件，它的安全性、可靠性需要引起大众高度关注。有效推进生态建设，将治理农业面源污染作为促进我国农业可持续发展的重要抓手，不断加强农业面源污染防治工作力度，推广应用资源节约型、环境友好型农业生产技术，发展现代生态循环农业。2015年农业部提出了"一控两减三基本"，其中两减就是化肥减量、减药，要求在2020年实现化肥使用零增长，要实现这个目标，化肥减量的工作任务很重，化肥减量应用技术显得更为重要。

化肥在农业生产中起到了重要作用，化肥减量是为了减少不合理的肥料用量，使施肥技术更为科学，施肥比例更为合理，肥料效益更高。笔者通过生产实践和化肥减量应用技术，形成了以下相关化肥减量技术集成：一是平衡施肥技术（测土配方施肥技术）；二是有机替代技术，即用有机肥来替代部分化肥，通过扩大绿肥种植、科学秸秆还田、传统或商品有机肥施用，减少部分化肥用量；三是新型肥料应用，特别是缓控释肥料的施用，另外因地制宜地选用水溶性肥料、液体肥料、叶面肥、生物肥料、土壤调理剂等高效新型肥料；四是施肥手段的创新，如化肥机械深施（侧身施肥）技术，肥水耦合施肥技术等；五是信息化施肥技术，即利用测土配方施肥专家施肥系统和耕地地力评价数据库，将三"S"（RS、GIS、GPS）技术与其他多种数据（产量数据、病虫草害、气候）相结合，创建高产、优质、环保为目的的变量施肥技术。化肥减量应用技术是综合技术，在生产实际中，每一项化肥减量应用技术不是孤立的，而要根据生产需要进行综合运用。

限于本书编者的水平，对一些观点仅是比较粗糙的论述，仅供农业生产者和农技推广人员参考，不足之处，敬请谅解。化肥减量应用技术原理引用了有关论述，有些表格也引自一些已出版专著，在此一并致谢。

编者

2017 年 9 月

目　录

第一章　肥料效应与作物需肥 …………………………… 1

第一节　肥料效应 ………………………………………… 1

第二节　作物营养吸收原理 ……………………………… 11

第三节　化肥减量增效的实现依据 ……………………… 21

第二章　测土配方施肥与化肥减量增效 ………………… 42

第一节　测土配方施肥技术的主要概念、依据 ……… 42

第二节　测土配方施肥技术的推广体系与方法 ……… 46

第三节　基于化肥减量增效的作物测土配方施肥技术

…………………………………………………… 57

第三章　有机肥使用与化肥减量施用增效 …………… 64

第一节　主要有机肥的种类及使用技术 …………… 64

第二节　有机肥替代的方法与成效 ………………… 107

第四章　施肥方式与化肥减量施用增效 ……………… 123

第一节　肥水耦合技术的基本原理与主要特点 …… 123

第二节　肥水耦合技术施肥体系的建立 ·············· 125

第三节　肥水耦合技术的生产应用与成效 ·········· 133

第四节　化肥深施与化肥减量增效 ·············· 139

第五章　肥料种类与减量增效 ················· 147

第一节　配方肥施用与减量增效 ·············· 147

第二节　缓控释肥施用与减量增效 ·············· 152

第六章　信息系统在化肥减量增效中的应用 ·········· 176

第一节　信息系统建设的意义 ·············· 176

第二节　数据库建立 ····················· 178

第三节　施肥模型筛选 ·················· 186

第四节　测土配方施肥专家系统 ·············· 188

主要参考文献 ························· 205

第一章　肥料效应与作物需肥

第一节　肥料效应

肥料效应就是施肥对作物生产、农业生态、农产品质量及食物安全等方面的影响。肥料是农业生产中主要的投入物质，是指任何有机的或无机的、天然的或合成的，施用于土壤中或作物地上部为作物提供一种或多种必需营养元素的物质。化学肥料是农业生产发展的主要促进因素之一，同时也是建立可持续发展农业的重要物质基础。

肥料是植物营养的源泉，是农业增产的首要投入物质，大量的研究表明，化肥虽不是农业生产的唯一贡献者，但也是领先的贡献者。据 FAO 资料，各种农业增产措施中施肥对农业增产的贡献为30%~50%，合理施用有机肥料和化肥能提高作物产量是不容争辩的事实。从植物营养与施肥学科建立开始，土壤与植物营养科学者就对肥料施用与作物产量的关系十分关注。李比希的"最小养分律"，随后的最大律，米采利希的"米氏方程"等均说明了随着施肥量的增加，开始产量增加很快，呈线性关系，以后增速减缓，当施肥量超过最高产量所需的用量时，产量非但没有增加，反而下降。这说明了在一定条件下，施肥量是有限度的。

一、作物的必需营养与作用

农谚说："一粒入土，万粒归仓。"那么，作物是吃什么营养长大的呢？一般新鲜植物中含有 75%~95% 的水分和 5%~25% 的干物质。将其烘干即得干物质，其中包括有机物和无机物。干物质经煅烧后，有机物中的碳、氢、氧、氮等元素以二氧化碳、水蒸气、分子态氮、氨和氮的氧化物形态散失，一部分硫煅烧成硫化氢及二氧化硫，因此，这些元素称为可挥发性元素。煅烧后剩下的固态残留物质便是灰分。灰分中的元素称为灰分元素，能被植物所利用的灰分元素，称为营养元素。灰分元素的成分很复杂，包括磷（P）、钾（K）、钙（Ca）、镁（Mg）、硫（S）、铁（Fe）、锰（Mn）、锌（Zn）、铜（Cu）、钼（Mo）、硼（B）、氯（Cl）、硅（Si）、钠（Na）、硒（Se）、铝（Al）等。人们通过反复研究发现，有 17 种元素是作物生长所必需的。其中，碳（C）、氢（H）、氧（O）、氮（N）、磷（P）、钾（K）、钙（Ca）、镁（Mg）、硫（S）9 种元素需要量大，可占植株干重的千分之几到百分之几，称为大（中）量元素；铁（Fe）、硼（B）、锰（Mn）、铜（Cu）、锌（Zn）、钼（Mo）、氯（Cl）、镍（Ni）8 种元素需要量少，只占植物干重的千分之几到十万分之几，称为微量元素（表 1-1）。这些必需营养元素，虽然在植株体内的含量有多有少，但各有其独特作用，彼此不能替代。

那么，作物生长发育过程中所需的养分从何而来呢？研究表明，作物需要的氢、氧主要来自水（H_2O），碳则来自空气中的二氧化碳（CO_2）。氮、磷、钾、钙、镁、硫、铁、硼、锰、锌、铜、钼、氯、镍等元素一般可由土壤供给。然而，作物对氮、磷、钾需要量大，而土壤的供应量往往不能满足需要，通常要增施氮、磷、钾肥，所以，人们把氮、磷、钾元素称为"肥料三要素"。钙、镁、硫虽然也属于中量元素，但这 3 种元素在土壤中的含量较多，一般也能满足作物生长需要。当然，在缺少时也需施用。至于微量元素，由于作物对它们的需要量少，一般土壤中的含量已能满足要求。不过，随着作物高产、优质品种的种植和氮、磷、钾肥料用量的增加，作物微量元素缺素症也日益增多，如缺硼引起的油菜"花而不实"、萝卜的"黑心病"、芹菜的"茎裂病"、苹果的"缩果病"、柑橘的"石头果"、油橄榄的"多头病"、菊花的"扫帚病"、唐菖蒲的"叶焦病"等；缺铁引起玉米新叶失绿发白，梨树枝尖叶片脉间失绿出现"顶枯"、桃树"白叶病"、苹果新梢顶端叶片黄白化，出现"梢枯"，栀子花、杜鹃幼叶失绿黄化等；缺锌引起水稻"倒缩病"、菠菜"黄化病"、苹果"小叶病"、柑橘"绿筋黄花病"等；缺铜引起小麦叶尖干卷及穗不实、花椰菜"开裂病"；缺锰引起小麦"褐线黄萎病"，美洲山核桃叶片形成"鼠耳"等。

表 1-1　16 种必需营养元素及其在植物体内较适合的浓度

营养元素		化学符号	植物利用形式	在干组织中的浓度	
				mg/kg	%
微量元素	钼	Mo	MoO_4^{2-}	0.1	0.0001
	铜	Cu	Cu^{2+}、Cu^-	6	0.0006
	锌	Zn	Zn^{2+}	20	0.002
	硼	B	BO_3^{3-}、$B_4O_7^{2+}$	20	0.002
	锰	Mn	Mn^{2+}	50	0.005
	铁	Fe	Fe^{2+}、Fe^{3+}	100	0.01
	氯	Cl	Cl^-	100	0.01
大中量元素	硫	S	SO_4^{2-}	1000	0.1
	磷	P	$H_2PO_4^-$、HPO_4^{2-}	2000	0.2
	镁	Mg	Mg^{2+}	2000	0.2
	钙	Ca	Ca^{2+}	5000	0.5
	钾	K	K^+	10000	1.0
	氮	N	NO_3^-、NH_4^+	15000	1.5
	氢	H	H_2O	60000	6.0
	氧	O	O_2、H_2O	450000	45
	碳	C	CO_2	450000	45

（引自《肥料实用手册》2002）

　　植物体内必需营养元素的生理功能，可概括为两大类：一是构成植物体的物质成分，如 N、P、S、C、H、O 是组成植物体的主要成分；二是调节生命的代谢活动。例如，某些必需矿质元素是酶的辅基或活化剂。此外，还有维持细胞的渗透势，影响膜的透性，调节原生质的胶体状态和膜的电荷平衡等作用。

每一种必需营养元素在植物生命活动中，不论数量多少都具有同等作用，对植物体各有其特殊的生理作用，不能被其他元素所代替。营养元素的这一性质我们称为必需营养元素的同等重要性和不可代替性。

二、植物营养与施肥

植物营养是指植物从外界环境中汲取其生长发育所需要的物质和能量，以构成其细胞组成成分和进行各种代谢，并用以维持其生命活动的过程。在农业生产中，由于土壤的养分不断被作物吸收，肥力会逐渐下降，施肥便成为提高作物产量的一个重要手段。植物营养是施肥的理论基础，合理施肥应按照植物营养的原理和作物营养特性，结合气候、土壤和栽培技术等因素综合考虑，从而找出合理施肥的理论及技术措施，以便指导生产、发展生产。

由于作物种类、器官和品种的差别及气候条件、土壤肥力、栽培技术等的不同，都会影响作物体内营养元素的种类和含量。玉米叶片中含氮量 2% 左右，而茎含氮仅占 0.7%。盐土中生长的植物含有钠，酸性红壤中生长的植物含有铝。

高等植物在生长发育过程中，共有 16 种必需营养元素，它们属于植物营养的共性。虽然各种植物都需要以上各种营养元素，但不同植物或同一植物在不同的生育期所需要的养分也有差别，甚至有些植物还需特殊的养分，如水稻需要硅，豆科植物固氮时需钴，这些特性即植物营养的个性，或叫特殊性。

各种作物在生长过程中所需养分不同，块根、块茎植物需较多的钾，豆科作物根瘤菌可以固定大气中的氮素，故不需用氮或少施氮，但对磷、钾的需要较多。

各类作物不仅对养分的需要有差别，而且吸收能力也不同，如荞麦、油菜能很好地利用磷矿粉中的磷，玉米、马铃薯只有中等的利用能力，而小麦利用能力很弱。

同种作物其肥料用量常因品种而不同，各种不同的肥料形态，其肥效因植物种类不同存在差异。水稻在营养生长期适宜于 NH_4^+ 态

N，到生殖生长期则适宜于 NO_3^- 态 N。

1. 植物营养期

植物从种子萌发到种子形成的整个生长周期内，需经历许多不同的生长发育阶段。在这些阶段中，除前期种子营养阶段和后期根部停止吸收养分外，其他阶段都要通过根系从土壤中吸收养分。植物通过根系由土壤中吸收养分的整个时期，叫植物营养期。它包括着各个营养阶段。这些不同的阶段对营养条件，如营养元素的种类、数量和比例等，都有不同的要求。虽然植物的营养过程是在整个生活期中进行的，但是它从环境中吸收营养物质的时期并不是发生在整个生长期内。比如，植物在生长初期，养分的摄取来自于发芽的种子或根、茎，到了生长末期，许多植物都停止吸收养分，甚至还从根部排出养分。所以就时间而论，植物营养期与生长期并不一致。就早、晚稻而言，早稻生长期短，其营养期也较短；而晚稻生长期长，其营养期也较长，营养期短的早稻以基肥为主，并早施追肥；而晚稻则应提高追肥比例，分次施用。

在植物营养期间，对养分的要求有两个极其重要的时期，一是作物营养临界期，二是作物营养最大效率期。如能及时满足这两个重要时期对养分的要求，则能显著地提高作物产量。

2. 植物营养临界期和最大效率期

植物营养临界期是指营养元素过多或过少或营养元素间不平衡，对于植物生长发育起着明显不良的影响，并且由此造成的损失，即使在以后补施肥料也很难纠正和弥补。

一般来说，作物在生长发育时期，对外界环境条件较为敏感，此时如遇养分不足或过多，往往会有强烈的反应，这些反应表现在生长势上，严重时还会表现在产量上。

同一种植物，对不同营养来说，其临界期也不完全相同。大多数作物磷的临界期在幼苗期。小粒种子更为明显，因为种子中贮存的磷已近于用完，而此时根系很小，和土壤的接触面少，吸收能力也比较弱；从磷素养分在土壤中的转化特点来看，有效磷通带含量不高且移动性差，所以作物幼苗期需磷迫切。例如棉花磷的临界期在出苗后 10~20d，玉米在出苗后 7d 左右（三叶期）。幼苗期正是由种子营养转向土壤营养的转折时期。用少量速效性磷肥作种肥常常能收到极其明显的效果。

作物氮的临界期则比磷稍后，通常在营养生长转向生殖生长的时期。例如冬小麦在分蘖和幼穗分化期，此时如缺氮则分蘖少，花数少，生长后期补施氮肥只能增加茎叶中氮素含量，对增加籽粒数和产量已不起太大作用。玉米若在幼穗分化期缺氮，表现穗小、花少，造成减产。

作物钾营养临界期问题，目前研究资料较少，因为钾在作物体内流动性大，再利用能力强，一般不易从形态上表现出来。据日本资料指出，正常生长含钾量须在 2.0% 以上。水稻缺钾在分蘖初期至幼穗形成期。分蘖期如茎秆含 K_2O 量在 1.5% 以下，分蘖缓慢；1.0% 以下则分蘖停止；幼穗形成期如 K_2O 在 1.0% 以下，则每穗粒数减少。

植物营养最大效率期是指植物需要养分的绝对数量和相对数量都大，吸收速度快，肥料的作用最大，增产效率最高的时期，它同植物临界期同是施肥的关键时期。植物营养最大效率期，大多是在生长中期。此时植物生长旺盛，从外部形态看，生长迅速，对施肥的反应最明显。例如玉米氮素最大效率期在喇叭口至抽雄初期，小麦在拔节至抽穗期，油菜在花期，即"菜浇花"。另外，各种营养元素的最大效率期也不一致。据报道，甘薯生长初期氮素营养效果较好，而在块根膨大时，则磷、钾营养的效果较好。

植物对养分的要求虽有其阶段性和关键时期，但还需注意植物吸收养分的连续性。任何一种植物，除了营养临界期和最大效率期外，在各个生育阶段中适当供给足够的养分也是必需的。忽视植物吸收养分的连续性，植物的生长和产量也会受到影响。因此，重视不同植物施肥的各个环节，才能为其丰产创造良好的营养条件，得到较高的产量。

3. 根系特性

根系是植物吸收水分和营养物质的重要器官。根在土壤中的分布是相当宽广的。据观测，播种 120d 后的黑麦植株的总根数达 1830 万条，总长度达 60 万 m，表面积为 273 万 cm^2，如果加上根毛

（约 40 亿条）的面积，根系总表面积约为地上部分的 130 倍。不同作物的根系和表面积差别很大，因而其根际的范围相应也有较大的差异。作物根系的长度和表面积大小，对养分有重要作用。另外，根系的阳离子交换量、根系代谢特点和根际、根内微生物也与植物吸收营养密切相关。

（1）根的阳离子交换量。植物根系阳离子交换量（CEC）的大小与根系吸收养分能力（主要是被动吸收）的强弱密切相关。一般来说，根系阳离子交换量大的植物，吸收土壤中阳离子总量也较多，反之则较少（表 1-2）。据试验，植物根的阳离子交换量与根的细胞壁果胶的羧基含量有关。在不同土壤条件下，各种植物根的 CEC 与植物地上部阳离子（Ca^{2+}+ K^++ Mg^{2+}+ Na^+）总量有高度呈正相关性，r=+0.875。以谷类作物研究，根的 CEC 与根中总磷量也呈正相关性，r=+0.70，均达到非常显著水平。

表 1-2 不同作物阳离子交换量与吸收力的关系

作物种类	根悬浊液的 pH	CEC（cmol/kg 干根）	吸收能力
豆科作物	3.2~3.5	>35	强
玉米、番茄、马铃薯	3.6~4.0	20~30	中等
麦类作物	>4.1	>20	弱

（引自《肥料实用手册》2002）

从表 1-2 中可以看出，豆科作物阳离子交换量大，吸收能力强，麦类作物阳离子交换量小，吸收能力弱；而玉米、番茄、马铃薯的阳离子交换量介于其间，吸收力中等。就同一作物来看，根的不同部位阳离子交换量差别也很大。如豌豆根尖的阳离子交换量每 100g 干根可达 125mol，比其根的阳离子交换量平均值高 1 倍以上。

根的阳离子交换量的大小还影响对土壤中 Ca^{2+}、Mg^{2+} 等多价离子的吸收。试验采用赤豆和小麦进行比较，赤豆根的 CEC 较大，每 100g 干根为 47.3mol，小麦较小，为 13.0mol。并于幼苗期测定 Ca、Mg、K 的吸收量，赤豆不仅吸收阳离子总量较高，而且吸收二价离子 Ca^{2+}、Mg^{2+} 也明显的多。但每单位根的 CEC 吸收的（Mg^{2+} + Ca^{2+}）

量，两种作物大体相同。这表明 Ca^{2+} 和 Mg^{2+} 的吸收量与根的 CEC 有极高的依赖关系。而根对 K^+ 吸收的影响，相对比较微弱，这是由于 K^+ 的吸收受温度的影响较大，即 K^+ 的吸收受代谢作用的影响较大。而 Ca^{2+}、Mg^{2+} 的吸收则与被动吸收密切相关。

作物吸钙的能力是指作物能吸收难溶性磷酸盐中磷的能力。根的 CEC 较大的作物，对难溶性磷酸盐具有较大的吸收亲和力。因为它对钙的结合能力较大，故能利用难溶性磷酸盐中的磷。有不少试验研究根的阳离子交换量与吸收磷矿粉中钙和磷的能力，并根据植株中 CaO/P_2O_5 的比率来衡量这一能力。苏联曾试验用 32 种植物进行研究，结果表明，植株中 CaO/P_2O_5 的比率一般在 1.3~8.0 范围内。而在 1.3~4.0 的植物，具有利用磷矿粉中难溶性磷的能力，并把 $CaO/P_2O_5>1.3$ 作为难溶性磷的生理指标之一。中国科学院南京土壤研究所进行了类似的试验，结果指出，植株地上部分 CaO 和 P_2O_5 含量与根的 CEC 的次序大致相符。凡是利用磷灰石粉较强的作物，P_2O_5/CaO 大多较高，在 0.31~0.81 之间相当于 CaO/P_2O_5：1.2~3.2；利用磷灰石粉较弱的作物，则 P_2O_5/CaO 较低 (0.13 0.14)。各种作物对磷灰石的相对感应的递减次序为：萝卜>大豆>豇豆>荞麦>小白菜>番茄>燕麦>紫苜蓿>菠菜>大麦>黑麦草。

另有试验报道，甘蔗不同品种根的 CEC 与产量有关，虽然根的阳离子交换量与作物吸收养料的强弱甚至产量有关，但作物吸收养料还是以主动吸收为主。合理施肥固然要考虑到根的特征，更重要的还是以作物为主，因为它能反映作物整个植株的生长情况，当然也包括根在内。

(2) 植物根系代谢作用。植物根系活力是指根系的整个新陈代谢情况，包括根系的呼吸作用、氧化力、酶活性、阳离子交换量等。在植物个体发育过程中，随着其生长发育，根系生长由幼嫩、健壮，直至衰老，它的代谢也由弱变强直至衰退。从植物根代谢特点来看，氧化力是衡量根系活力的重要标志。例如，水稻生长在缺氧的土壤上，尽管土壤中含有大量亚铁离子、有机酸，甚至还有硫化氢等有害的还原物质，对水稻根的有氧呼吸和养分的吸收有不同程度的抑制，然而水稻主要靠茎、叶通气组织自大气中输入氧气，尤其是水稻根中还有一条"乙醇酸途径",可产生过氧化氢,在过氧化氢酶的作用下,可以产生氧,增加了水稻根部产生氧化力的一条特殊代谢途径。生产实践可看出,凡是栽培过水稻的土壤,其根系附近都有赤褐色的网状锈斑,这就是稻根所产生的氧化力在根群周围形成的一层氧化圈。尽管水稻土中含氧量低,但由于上述因素可使其根系进行正常的有氧呼吸和生长。

作物根部不仅有氧化力,也有还原力。大豆某些品种根的还原力很强。据国外报道,将大豆的两个品种 PL 和 HA 生长在同一石灰性土壤中,HA 生长正常,而 PL 不久叶片发生缺绿症,生长很差。用放射性 55Fe 作溶液培养试验,证明 HA 根吸收铁的能力很强,即使土壤中铁浓度很低,也能吸收利用,正常生长,而 PL 的根吸铁能力很差。测定两者根的还原力时,将根培养在铁氰化钾和氯化高铁的溶液中,还原力强的根可将氯化高铁还原为亚铁,然后与铁氰化钾起反应生成蓝色的铁氰化亚铁。

$2K_3(Fe(CN)_6)+3FeCl_2=Fe_2[Fe(CN)_6]_2+6KCl$

HA 品种根的还原力强,在 6h 后根毛就被染成蓝色,8h 后,溶液也能变成蓝色。

水稻在开花期,能将 NO_3^- 还原为 NO_2^-,这是由于水稻根可适应形成硝酸还原酶,将硝酸盐还原为亚硝酸盐的结果。

根系代谢作用还与养料吸收关系密切。许多试验证明,根系代谢对氮、磷、钾的吸收各有不同的途径,但都与呼吸作用有关。如根内形成的各种有机酸,都是氨的受体,可以形成各种氨基酸,通过转氨基作用,又转为各种不同氨基酸,最后合成蛋白质。根部呼吸作用与磷酸化作用相耦联,吸收无机磷,形成三磷酸腺苷(ATP)。钾的吸收通过试验证明,它与根中核糖核酸的消长有一定关系。当溶液中加入少量 EDTA 时,不仅抑制了核糖核酸的形成,而且抑制了钾的吸收。可见植物根部代谢与氮磷钾的吸收密切相关。

(3)根际与根内微生物与作物营养的关系。各种作物在生长期间,根系常产生多种分泌物。由于作物种类不同,生长时期不同,代谢方式不同,所以根系分泌物的种类和数量也有所差异。根系分泌物有两类,一类是有机化合物,另一类是无机化合物,且以前者为主。比如小麦根分泌物，经鉴定有各种糖、氨基酸、有机酸、核苷酸和酶。豆科植物根系分泌物中含氮有机物较多，玉米根系分泌物却为含氮和不含氮的有机化合物。

各种作物根分泌物的数量不同。如生长 20d 的豌豆每株分泌出还原糖 2.9~4.3mg，相当于植株干重的 0.14%~0.23%；而每株玉米分泌的还原糖达 5.4~8.2mg，相当于植株干重的 0.23%~0.35%。由于作物种类不同、生育期不同以及气候、土壤、栽培技术等都要影响作物的生长发育，所以根的分泌物截然不同，这样与根部相适应的微生物，无论在种类还是数量上也必然会更替改变着。一般情况下，分布在根群附近的微生物比其他部分要多 10 倍。

同一种作物，根际微生物也随着生育期不同而不同。小麦在发芽时，根际微生物与对照比为 3.1，分蘖期为 27.7，抽穗期为 16.8，成熟期为 5.4（Riviere，1960）。作物根际存在着这样大量的微生物，对作物生长一定会起着很大的作用。首先是微生物参与植物的营养作用，不少微生物能把有机质矿质化，产生大量 CO_2 和无机养分。根际土壤的呼吸作用比根外土壤要强得多，如玉米或大豆根际土壤的呼吸强度比根外土壤约高 4 倍，小麦高 3 倍。根际微生物中有大量氨化细菌，促使有机氮化物氨化，形成氨。根分泌物中有的具有螯合作用如柠檬酸等；根际微生物也能分解有机质，形成各种有机酸，如柠檬酸，它们均可与土中 Fe^{3+}、Al^{3+} 离子形成螯合物，释放出土壤中被铁、铝吸附的磷酸根，增加磷的有效性。此外，根系的有机代谢产物和根系残体的分解、转化也能形成腐殖物质，参与土壤结构的形成。据测定，高粱、花生根群中心土壤大于 0.25 mm 的水稳性团聚体为 41.6%，而相距 5 cm 和 10 cm 处则分别为 34.8% 和 16.7%，而多年生牧草绿肥的影响更为明显。水稻根际常有固氮菌的生长，故可增加土壤中的氮素。

根际微生物能间接地供给植物养分，有些微生物如豆科植物根中的根瘤菌和松树根上的菌根，均能直接制造和供给养分。因此，可把参与植物营养的微生物区分为细菌化营养类型和真菌化营养类型。前者是由细菌起着供给植物养分的主要作用，后者则由真菌起着供给植物养分的主要作用。豆科植物就是前者最典型的代表，它能固定大气中的氮素，供豆科植物利用。所以，豆科植物能在缺氮的土壤中生长，并能丰富土壤中氮素。后者可以松树为代表，因为松树根部有菌根，它能吸收土中水分和养分，转而再营养植物。所以松树能在贫瘠的土壤中生长。菌根不仅能吸收水分和养分，有的还能形成生长素，促进植株根系生长；有的能刺激植株的根，促使多分枝，增加吸收面积。根外菌丝的作用类似根毛，增强吸收作用。此外，植物形成菌根还可防御病菌的侵蚀。

总之，植物根际微生物的活动与植物生长互为影响。根际微生物的食物主要来自根的分泌物；而微生物的活动，促使土壤中养料转变为有效态或制造养料供植物利用，双方彼此有利。但是当土壤中养分不足时，植物与微生物又会发生竞争。由于养料大多为微生物所吸收，植物得不到足够的养料，从而影响植物的生长。所以施肥不只是营养植物，还会营养土壤中无数的微生物，使高等植物与微生物之间经常处在正常的共生关系之中，从而在农业生产中表现出良好的效果。

第二节　作物营养吸收原理

植物根系是吸收养分的主要器官。根系吸收的养分被运到植物的地上部分，并且在植物体内进行再分配。无机离子的吸收——跨膜运输是一个重要的生理过程，它不仅决定了离子在细胞中的积累，而且影响着植物的生长发育。

一、植物对养分吸收的特性

1. 选择性

植物从介质中吸收无机离子，并不决定于介质中离子的浓度，而是由植物根系自身的需要优先吸收某些营养元素，而摒弃另一些元素。例如，海水或池水中钠的浓度大大高于钾，虽钠和钾的化学性质很相似，但植物却能选择性地吸收更多的钾。

2. 基因型差异

不同植物或同一植物的不同品种，吸收与运输养分的能力有所不同，这是由于在植物中存在着差异性所致。例如，用相同培养液分别培养番茄和水稻，番茄对钙和镁的吸收速率快，吸收量多，但几乎不吸收硅。水稻对钙和镁的吸收速率较慢，吸收量也少，但却大量地吸收硅。近年来这方面的研究极为活跃，人们希望通过育种的手段，筛选或培养吸收养分能力强的品种，以适应在贫瘠土壤上生长，或选育利用肥料养分能力强的品种，以提高肥料的利用率。

3. 累积性

植物在吸收无机离子时，尽管植物细胞中的离子浓度比外界溶液浓度高得多，但仍能吸收无机离子。海带中 I 浓度远高于海水中 I 浓度，但仍能吸收大量的碘。在通常情况下，这种吸收是逆浓度、逆电位势进行的，一般需要能量的供给。

4. 阶段性

植物营养期包含若干营养阶段，不同的阶段对营养元素的种类、数量和比例即营养条件有不同的要求，这就是植物营养的阶段性。比如，水稻在苗期吸收 N、P_2O_5、K_2O 的百分数分别为 0.50%、0.26%、0.40%；分蘖期吸收三者的百分数分别为 23.16%、10.58%、16.95%；圆秆期吸收量则增加分别为 52.40%、58.03%、59.74%。

二、植物对养分吸收的形式

1. 介质养分向根迁移的方式

养分离子向根部的迁移，一般有截获、集流和扩散 3 条途径。

（1）截获。根系从土壤中收养分时，由于植物根与土壤密切接触，因此，根细胞外 H^+ 和黏土外交换性阳离子发生离子交换。这种由于接触土壤而获得养分的过程叫截获。通过截获吸收离子态养分极少，但钙离子经截获移至根部一般较多些，其次是镁离子。

（2）集流。由于植物的蒸腾作用，使养分随水流通过土壤孔隙向作物根部的迁移即集流。它主要受植物的蒸腾作用和土壤溶液中离子态养分多少的影响。当土壤温度高时，植物蒸腾作用较大，体内失水较多，使根际周围水分不断地流入根表，土壤中离子态养分也就随着水流达到根表。当土壤中离子态养分含量较多，供给根表的养分也随着增加。氮、钙、镁主要是由集流供给的，而且钙、镁供应量常能满足一般作物的需要。

（3）扩散。在土壤溶液中当某种养分浓度出现差异时，所引起的养分迁移到根表的过程。这一作用使养分从浓度高处向浓度低处移动，直至达到平衡。当根对养分的吸收大于养分由集流迁移到根表的速率时，根表面养分离子浓度下降，同时根周围土壤中养分也有不同程度的减少，出现根际某些养分亏缺，于是根表与附近土体间产生浓度梯度，高浓度养分向低浓度处扩散，土壤中养分则向根表迁移。植物养分在土壤中的扩散受很多因素影响，如 Cl^-、K^+、NO_3^- 在水中扩散系数较大，而 PO_4^{3-} 则较小，土壤质地较轻的沙土，养分扩散速率比质地较重的土壤快，土温高的比土温低的扩散快等。

应该说以上养分迁移的 3 种过程在土壤中是同时存在的。但总体来说，截获取决于根表与土壤黏粒接触面积的大小，质流取决于根表与其周围水势的大小，扩散取决于根表与其周围养分浓度梯度的高低，它们都与根系活力有密切关系。

2. 植物对养分的吸收机制

土壤溶液中养分离子通过集流与扩散以及部分根部截获到达根表面，吸附在细胞表面。这些离子先进入自由空间，即从细胞壁到原生质膜的空隙，还包括细胞间隙，然后进入根系的内皮层。

（1）被动吸收。是顺着电化学势的梯度运输，即离子在细胞的自由空间内，可以通过扩散或质流经细胞膜向膜内移动；同时是不需要代谢供应能量的吸收作用。包括以下两种。

① 简单扩散：当细胞外溶液的浓度大于细胞内时，溶质分子就会由于扩散作用进入细胞内。

② 杜南平衡：植物在吸收营养物质时，常有这样的情况，细胞内某种离子的浓度已经超过了外界该离子的浓度，该离子仍可逆浓度梯度扩散而进入细胞内，达到平衡。这种现象只有用杜南（F.G. Donnan）提出的平衡理论才能说明。

杜南指出，细胞内有不能扩散出的阴离子（R^-）（如蛋白质离子）存在，它在细胞内必然会吸引一些阳离子如 Na^+，而以盐的形式存在于细胞内，使细胞里电中性。将这个细胞放入 NaCl 溶液中，因为细胞内没有 Cl⁻，细胞外的 Cl⁻势必向细胞内扩散，由于电荷不平衡，Na⁺也跟随而进入，当细胞内可扩散正、负离子浓度的乘积和细胞外可扩散的正、负离子浓度的乘积相等时，达到平衡状态。这种平衡称为杜南平衡，其表达式为：

$$[Na^+]_{内}[Cl^-]_{内} = [Na^+]_{外}[Cl^-]_{外}$$

植物细胞通过杜南平衡使细胞积累离子的过程，并不需要代谢能量做功，是个被动吸收离子的过程。大多数阳离子（除 K⁺外）都是属被动吸收。

（2）主动吸收。是逆电化学势梯度的运输，需要能量，所有的细胞，与外部介质相比较总是带负电荷，而内部阴离子浓度高于平衡浓度，所以带负电荷的阴离子如 NO_3^-、$H_2PO_4^-$、SO_4^{2-}、Cl^-是逆电化学势梯度的吸收，属于主动吸收。目前，从能量的观点和酶动力学原理来研究植物的主动吸收，提出了载体学说和离子泵解说。

① 载体学说：此学说是酶动力学说为其理论依据。用此原理将载体与养分的关系比作酶和底物的关系，依据此原理，对各种作物根或叶片在不同浓度溶液中吸收各种离子的速度进行研究。载体究竟是什么化合物，至今不太清楚。一般认为载体是生物膜上含有一定的能载运离子越过膜的分子。载体分子对一定的离子有专一的结合部位，能选择性地携带某种离子通过膜。载体的活化需要 ATP，在膜的外部界面上，活化载体遇到与它具有亲和力的离子结合成载体——离子复合物，转移到膜内，与磷酸酶接触，能裂解出磷酸基，使载体失活，因而离子被释放到膜内的细胞质中，失活的载体在膜中磷酸激酶和 ATP 的作用下又可使其磷酸化，而再度活化，转移到膜朝外面的一边，再与膜外离子形成复合物。如此重复循环，就把膜外的物质不断运入膜内，积累于细胞内。载体磷酸化所需的 ATP 可由根的呼吸作用提供。

主动吸收过程有载体存在，可以从下列两个方面得到证明。

第一饱和效应。在研究离子吸收与外界离子浓度的关系时发现，细胞对离子的吸收有个最大的极限值。在外界离子浓度比较低的范围内吸收速率与离子浓度成正比，当离子浓度超过某个数值以后，随着外界离子浓度的增加，吸收速度的增加会变得缓慢，最后细胞对离子的吸收达到饱和后，就不再吸收。这种现象称为饱和效应，即一种特定的离子有一种特定的载体，当载体上的结合部位被饱和后，尽管外界溶液中离子浓度增加，主动吸收的速率也不再增加。

第二离子竞争。研究不同的离子在吸收过程中的相互关系时发现，离子吸收表现竞争性的抑制。例如，将大麦根浸在含 Cl^- 的溶液中，再加入 Br^- 或 I^- 后，Cl^- 的吸收就减少，这说明 Cl^- 和 Br^- 或 I^- 可以和同一载体相结合，表现出离子竞争现象。而磷酸或硝酸与氯结合的载体不同，则无竞争抑制作用。

近年来，从酵母和其他微生物质膜中，已分离出能运载某种分子或离子的透过酶，这就是载体，可是在高等植物中尚未发现。但有人用抗生物质作为离子载体进行试验，发现燕麦培养液中加入短杆菌肽后，燕麦可选择吸收 K^+，当加入氰酸盐被抑制后，吸收也受到抑制。离子载体如缬氨霉素是一种环状多肽，环外是非极性的，能溶于膜脂，环内有羰基，能与 K^+ 结合形成复合物，使 K^+ 能越过膜的非极性区，进入细胞内。由于离子载体对各种离子有选择性，所以植物就有选择性的吸收。

总之，载体学说认为，物质透过膜是由于膜中的载体和物质结合后，在膜内从一面转向另一面（即转动180°），再将该物质释放出来。可是膜和载体的两侧都是极性的，中部都是非极性的，载体在膜中是难以转动的。因此，转运机制尚无定论。

② 离子泵学说：泵是指能量的意思。离子泵即可以在逆电化学势陡度的情况下将离子泵入或泵出细胞膜，实现主动运输的机理，这种泵能使细胞的离子成分和浓度维持稳定并不同于外界环境，离子泵能够在环境中溶质含量非常低的情况下吸收和浓集离子，以致使细胞内外离子含量有很大的不同。

离子泵学说是由 Hodges（1994）所提出，该学说认为，质膜内的 ATP 酶能将 ATP 水解为 ADP 和 Pi，释放出的能量可将离子泵入细胞内。由于 ATP 酶的作用，使 ATP 水解，产生阴离子 ADP^- 和阳离子 H^+ 则 $ATP+H_2O \rightarrow$（ATP 酶）$\rightarrow ADP^- + H^+ + Pi$）。$H^+$ 释放到膜外，ADP 留在膜内。因而产生跨膜的 pH 梯度及电化学势能，使膜内有更多的负电荷，膜外的阳离子被负电荷吸收进入细胞内。另外，使 ADP^- 与 H_2O 反应，增加了细胞内的 OH^- 浓度。

$$ADP^- + H_2O \rightarrow ADP + OH^-$$

细胞质中的 OH^- 能启动阴离子载体，OH^- 被排出，使其他阴离子（如 SO_4^{2-}）被细胞吸收，离子吸收所需的能量由 ATP 酶催化 ATP 水解提供。

（3）叶部吸收（根外营养）。植物不仅依靠根部从土壤中汲取养分，还能通过叶部等地上部分吸收养分，这一现象称为根外营养。把肥料配成一定浓度的溶液喷洒在茎叶上叫根外追肥。

叶部吸收养分一般是从叶片角质层和气孔进入，最后通过质膜而进入细胞内。一些试验表明，叶部吸收养分的机构与根部吸收一样，如玉米叶片吸收 K^+ 的 Km 平均值为 0.038mmol/L。一般来说，在植物整个营养生长期间，叶部都有吸收养分的可能，但是吸收的强度则不同。因为植物吸收养分不仅取决于养分的种类、浓度、介质反应、溶液与液面的接触时间以及植物吸收器官的年龄，而且和植物体内的代谢作用关系更大。

植物根外营养的特点主要表现在以下几方面：第一，直接使作物吸收养分，避免养分在土壤中固定。如在石灰性土壤或盐渍土中，铁多呈不溶性的 3 价态，植物难以吸收，常患缺绿症。在红黄壤上栽培果树，常发生微量元素不足，如浙江省黄岩山地黄壤桂圆土壤缺锌，北方石灰性土壤缺铁也很普遍，根外追肥会使肥料效果显著提高。第二，肥效快。吸收运转养分的速度比根部快，能及时满足作物需要。例如，豆科植物生长后期喷施少量硼肥，可提高种子收成。因为硼能促进花粉萌发，保证花粉管迅速地进入子房，从而保证了种子的形成。第三，直接参与植物体内代谢，从而减缓根系衰老。如甘薯、马铃薯，淀粉在其体内要不断地合成，这属于碳水化合物代谢，而磷、钾与该代谢有着密切的关系。此外，蔗糖在植物体内是以蔗糖磷酸酯作为碳水化合物运输的主要形式，由叶进到块根或块茎中，所以磷、钾肥在淀粉累积中尤为重要。第四，施肥均匀。有些元素作物需量少，土壤施用每亩也仅需 1~2kg，因此，土壤施用难以施得均匀，很可能出现有些地方用量不够不见效，有些地方施得过量而产生毒害作用。而根外追肥可弥补这一不足。第五，经济效益高。根外追肥用量仅是土壤施肥的 1/10~1/5，且省工省时，操作简单。农业实践早已证明，栽培块根块茎类作物采用磷、钾根外追肥，不仅能提高产量，而且可改善品质。

根外追肥的效果受到多种因素的影响。首先，各种作物叶面气孔多少不一，角质层厚薄不等，因而根外追肥的效果表现得也有差别。一般来说，双子叶植物如棉花、豆类、油菜、马铃薯等叶面较大，角质层较薄，溶液易渗入叶内，故根外追肥效果较好；而单子叶植物如水稻、小麦叶面较小，角质层较厚，溶液渗透比较困难。因此，在进行根外追肥时，必须混合少量"湿润剂"，如中性皂或洗涤剂，浓度为 0.1%~0.2%，使养料易于渗透。其次，各种肥料的透性差别也导致了肥效的不同。如氮肥中的尿素易进入叶面，因此效果较好。如果将尿素和其他矿质肥料混合喷施，也可提高离子态养料的通透速度。最后，调节介质反应，也可使叶部肥效有所改变，如以阴离子为主的（磷酸盐肥料），可调节到酸性，选用过磷酸钙；以阳离子为主的，可以调节到中性至微碱性。试验表明，在酸性反应时，叶部吸收肥料中的阴离子较多，中性至微碱性反应时，吸收阳离子较多。

由于根外追肥是一种用肥省、投资少、见效快的施肥技术，所以在改进施肥技术方面有很大意义。但需指出，根外追肥只能作为特殊情况下的应急措施，不能完全代替根际施肥。

三、植物的养分吸收量和吸收速度

作物生长期中吸收养分的数量在很大程度上取决于作物种类和产量。作物产量和养分吸收又依赖于作物栽培品种。由于品种和产量的不同，吸收的养分量差异很大。就品种而言，不同作物的根系长度和表面积差别很大，而作物根系阳离子交换量的大小与根系吸收养分能力强弱有密切的关系。一般来说，根系阳离子交换量大的作物，吸收土壤中阳离子的总量也较多，反之则较少。比如，豆科作物阳离子交换量大，吸收能力强，麦类作物阳离子交换量小，吸收能力弱，而玉米、番茄、马铃薯的阳离子交换量介于其间，吸收力中等。就同一作物来看，根的不同部位阳离子交换量差别也很大，如豌豆根尖的阳离子交换量每 100g 干根可达 125mol，比其根的阳离子交换量平均值高 1 倍以上。

作物在不同生长时期，吸收的养分量也不等，一般在生长最旺盛时吸收的养分最多，吸收速率最快。因此，在估算作物需肥量时，它的吸收速率是一个重要因素，即一般生长期短，吸收速率快，需要养分多。例如，番茄和糖用甜菜每年每单位面积吸收的钾量与甘蔗是相等的，但是，前两种作物生长期只有 120d，而甘蔗生长期为 1 年。这表明吸钾总量相等的作物，生长期短的比生长期长的需钾量要大得多，因为它们的吸钾速率（吸收量/单位时间）相差很大。通常情况下，作物营养生长阶段吸钾量最多，如马铃薯生长前期（只占生长期的 1/3）吸收的钾量占总钾量的 50%。

四、植物体内养分的运转

1. 植物体内养分分布特性

植物体内的养分在各部位分布的多少，是由其本身在植物体内是否参加循环决定。有些养分如钙、铁、锰等，在植物体内构成像细胞壁这样的骨架物质，即稳定的化合物，因而它们不能参与循环，这类化合物器官越老含量越多，若发生缺素症，病症首先发生在幼叶。

另一些养分如氮、磷、镁、硫等，在植物体内形成不稳定的化合物，不断分解释放出的离子又能转移到其他需要的器官，这些元素便是参与循环的元素。氮、磷、钾等几乎是一用再用的元素，这是早已证明的现象。它们多分布于生长点和嫩叶等代谢较旺盛的部位。正在发育的果实和种子中含量也高，植物体内这些元素缺乏时，病症首先表现在老叶。

2. 植物体内养分的再利用特性

养分的再分配与再利用，也是器官之间营养物质内部调节的主要特征。养分运输的方向即从源到库。源指的是制造养分并将其提供给其他器官的部位，库指的是消耗养分的部位，源和库是个相对的概念，不同的生长期，源和库也会发生相应的变化。例如，当叶片衰老时，大量的糖以及氮、磷、钾等都要撤离，重新分配到就近的新生器官。尤其是在生殖生长时，营养体细胞的内含物向生殖体转移的现象表现得更为突出。例如，小麦籽粒达到25%的最终饱满度时，植株对氮与磷的吸收已经90%完成，故籽粒在最后充实中，完全靠营养体内已有的营养元素进行再度分配转让，一直达到完全成熟。麦类、水稻等在抽穗前蓄积在茎和叶鞘中的碳水化合物，在抽穗后转移到穗，这更是众所周知的事实。

作物茎叶中的有机物即使在收获后，仍可以继续向生殖体转移。例如有的地方，玉米连秆带穗一起收获，就是为了让茎叶中的有机物继续向籽粒中转移，这样可提高玉米的千粒重，一般可增产1%~10%。

由上可见，在生产中及时而正确地引导同化物，在不同生育期向不同的生长中心再分配转移，协调营养生长与生殖生长的关系，对于增加籽粒产量是非常重要的。

3. 植物体内养分运转的机制

养分的运输物质主要是水、无机离子和有机化合物。

水和矿物质在根际被吸收，主要通过木质部向上转运到植株地上部，也可通过韧皮部向下运转。有机物质主要在韧皮部运输，它可以向上或向下转运。

（1）木质部运输的机理——质流。绝大部分的营养以无机离子的形式在木质部运转，这是通过分析木质部部分流汁而得到证实的。离子在木质部导管里运输主要靠质流，是随蒸腾流向上运输，如 Ca 和 B 的运输只能从根到叶子，而不能逆转。二者的运输主要取决于蒸腾质流，如果蒸腾小，Ca 和 B 从土壤由根运输到顶尖的量不多，因此，就可能发生缺素症。

（2）韧皮部运输的机理

① 压力流动学说：此学说由德国植物生理学家明希（Münch,E.）于1930年提出。其基本论点是：物质在韧皮部中的运输是沿着韧皮部中的渗透梯度进行的，这种梯度是由于源库关系所维持的。在靠近源端的韧皮部由于同化产物不断被装载，从而使溶质势有所提离，水分便会流入韧皮部。而库端的器官细胞由于同化产物不断被运出，

从而导致膨压降低。因此，水分便由源端通过筛管向库端移动。即有机物在筛管中随着液流的流动而移动。这种液流的流动，是由于输导系统两端的压力差而引起的。

压力流动学说认为叶中有机物之所以能运输到根部，是因为叶进行光合作用产生糖类，使叶细胞中的糖浓度增高，由于渗透作用，水进入细胞内，使细胞的静水压增大；根细胞中的可溶性糖由于转变成淀粉贮藏起来或用于生长而减少，细胞中的糖浓度降低，水从细胞中排出，使根细胞的静水压变小。因此，在叶和根的细胞之间产生静水压差，溶液就从静水压大的叶细胞经过筛管流向静水压小的根细胞，其中的糖跟随溶液而流动。

压力流动学说至今仍为许多生理学家用来说明韧皮部运输的机理，但也存在着一些问题。第一，叶与根或叶与果实之间并非直接连通，筛孔的原生质对糖溶液流动有相当大的阻力。筛管"源""库"两端所产生的压力势差，克服不了通过筛孔的原生质给溶液的阻力。第二，这个学说无法解释一个筛管中同时有双向运输的事实。

② 质子—蔗糖共运学说：蔗糖进入韧皮部是从低浓度向高浓度运输，需要能量，目前认为，蔗糖进入韧皮部筛管与质子（H^+）共运有关，即是由载体带着质子与蔗糖进去，到达筛管，此过程需要ATP提供能量，并且在ATP酶的作用下，要用氢泵才可将H^+打出去。外界溶液（H^+）浓度高，里面 [H^+] 浓度低，由于里面 pH 高，H^+由里向外是逆浓度梯度，为了保持平衡，一定要用泵才可将H^+打出去，需有能量才可进行。当载体将蔗糖与H^+共运到里面时，质外体的 pH 值便增高了，由泵又将里面的H^+打出去，pH 值立即又下降了。

试验表明，质外体的 pH 值对蔗糖负载有较大影响，当 pH 值高时(pH 值=8)，H^+减少，梯度小，因而蔗糖负载量少；相反，当外面 pH 值为 5 时，H^+增多，梯度大，因而蔗糖负载量就多。

研究表明，加入外源标记的蔗糖会在主脉的筛管和伴胞中大量富集，这充分说明蔗糖在韧皮部中是逆浓度梯度的装载，蔗糖从叶肉细胞到筛管主要是共质体运输。

第三节 化肥减量增效的实现依据

一、作物营养与施肥的一般原理

作物营养与施肥原理是古今中外劳动人民生产实践和许多学者试验研究的科学总结，早在战国时代，我国农民就知道用粪肥田。随着生产的发展，对合理施肥的认识日益深化，南宋陈敷的《农书》中也曾把用粪比作用药，清代《知本提纲》一书在施肥方法上提到讲究与耕、灌相结合，并指出施肥要注意"时宜""土宜"和"物宜"。

西欧文艺复兴之后，西方许多学者曾对植物营养进行了大量研究工作，尤其在 19 世纪中叶至 20 世纪初，随着研究的深入，逐渐揭示并集成了一系列植物营养与合理施肥方面的规律性东西。如养分归还学说，最小养分律、报酬递减律、综合作用律等。这些学说和规律，反映了施肥实践中存在的客观事实，至今在施肥上仍有指导意义。

（一）养分归还学说

1840 年，德国化学家、现代农业化学的倡导者李比希（J.V. Liebig）在伦敦英国有机化学学会上做了《化学在农业和生理学上的应用》的报告，在该报告中，李比希系统地阐述了矿质营养理论，并以此理论为基础，提出了养分归还学说。他提醒人们，植物以各种不同方式不断地从土壤中吸取它生活所必需的矿质养分，每次收获，必然要从土壤中带走一些养分，这样土壤中这些养分就会越来越少，从而变得贫瘠。采取轮作倒茬只能减缓土壤中养分物质的贫竭或是较协调地利用土壤中现有的养分，但不能彻底解决养分贫竭的问题。为了保持土壤肥沃，就必须把植物取走的矿质养分和氮素以肥料形式全部归还给土壤，否则，土壤迟早会变得十分贫瘠，甚至寸草不生。

李比希的矿质营养理论和养分归还学说归纳起来有 4 点：其一，一切植物的原始营养只能是矿物质，而不是其他任何别的东西；其二，由于植物不断地从土壤中吸收矿质养分并把它们带走，所以土壤中这些养分将越来越少，从而缺乏这些养分；其三，采用轮作和倒茬不能彻底避免土壤养分的匮乏和枯竭，只能起到减轻或延缓的作用，或是使现存养分利用得更协调些；其四，完全避免土壤中养分的损耗是不可能的，要想恢复土壤中原有物质成分，就必须施用矿质肥料使土壤中营养物质的损耗与归还之间保持一定的平衡，否则，土壤将会枯竭，逐渐成为不毛之地。

土地自开垦后，由自然植被变为粮食作物及蔬菜等，生态发生了变化。栽培作物的连续收获，又不断地改变着土壤中的物质平衡，为维持土壤养分平衡并不断提高地力，必须合理施用肥料，归还消耗掉的养分。但在生产实践中，却有不少生产单位和农户，肥料分配不平衡，往往在近村边的高产田块大量投资肥料，而边远薄地得不到应有的养分归还。同时这种归还往往是片面的以氮素为主的归还，这样既不利于地块均衡增产，也不利于持续增产，这种违背养分归还学说的教训应该记取。

养分归还学说一般说来是正确的。但不像李比希强调的那样，作物取走的所有养分统统都要归还。该归还什么养分，应依作物特性和土壤该养分的供给水平而定。根据中国科学院植物研究所资料，各养分元素的归还程度大体可分为低度、中度和高度 3 个等级。其中，氮、磷、钾属于归还程度低的元素，要重点补充。但对豆科作物来讲，因有根瘤菌固氮，故对氮素归还的要求不如禾谷类作物迫切。属于中度归还的是钙、镁、硫、硅等养分，随土壤和作物种类不同，施肥也有所差异。例如，在华北石灰性土壤上，含有较多的是碳酸盐和硅酸盐，即使种植喜钙的豆科作物也不必考虑归还钙质，种植需硅较多的禾本科作物也不必考虑归还硅质。而在华南缺钙的酸性土壤上，则必须施用石灰。

至于归还养分的数量，也不是作物携带走多少，就归还多少，那样至多只能维持土壤原来的肥力水平，而不能不断提高。所以，农业生产要持续发展，养分归还的数量应大于携出量，同时还应考虑肥料利用率的问题。

（二）最小养分律

李比希继提出养分归还学说之后，曾引出了一门巨大的化学肥料工业，为了有效地施用化学肥料，李比希在自己试验的基础上，1843年又进一步提出了最小养分律的观点。最小养分律的中心内容是：植物为了生长发育，需要吸收各种养分，但是决定和限制作物产量的却是土壤中那个相对含量最小的营养元素。也就是说，植物产量受土壤中相对含量最小的营养元素的控制，产量的高低随这种养分的多少而增减变化。最小养分律可用图1-1来示意。

图1-1（1）表明，对于氮、磷、钾3种养分来说，由于氮满足作物所需的程度最小，故作物产量因氮素水平的限制而很低，氮是最小养分。图1-1（2）表明，在原来磷、钾水平不变的基础上，增加氮的供应，直到达到作物需要的程度，作物产量就随之提高，但由于磷的水平仍低，没有达到满足作物需要的程度，产量虽有提高，仍然不能达到最理想的水平，磷又成为新的最小养分。图1-1（3）说明，增加磷的供应，使之像氮、磷一样也达到满足作物生长发育需要的程度，作物的产量便没有提高到更理想的水平，这时钾又成为新的最小养分。

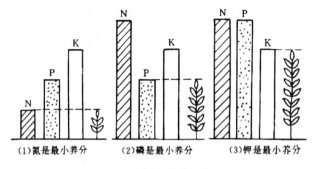

图1-1　最小养分示意

需要说明的是，图1-1中只表示作物对养分的需要程度，并不表示作物对养分的绝对需要量。另外，图1-1是以3种元素为例来解释最小养分律的，并不是说作物生长发育只需要 3 种营养元素。

最小养分律指出了作物生产过程中施肥应该解决的主要矛盾，这是作物配方施肥的主要原理之一，利用最小养分律的原理指导作物施肥工作，可以使施肥工作更加科学化。以杭州市富阳区的水稻施肥的实践过程充分说明了这一点。杭州市富阳区第二次土壤普查前，水田普遍缺磷，对氮、磷、钾的合理配合比例来说，磷量缺乏，使磷成了三要素中的最小养分者。由于不知道土壤中缺磷，故生产中虽然施了较多的氮肥，但作物产量仍然不高。第二次土壤普查查清了富阳区农田中磷是最小养分，制定了增施磷肥的技术，并大力推广磷肥的施用，水稻产量也随之增加，1979 年创历史最高，平均 727kg/亩。但好景不长，随着磷肥问题的解决，水稻产量又徘徊不前。原因是随着磷肥的增加，钾肥又显得相对不足，于是就增施钾肥，协调氮、磷、钾养分的比例，使水稻产量又得到了大幅度提高，1986 年粮食产量再创历史最高水平，平均 851kg/亩。

最小养分律在推动施肥技术进步方面起到了重要的作用，但由于历史的局限性，最小养分律也存在着不足，其主要的缺陷是孤立地看待作物各种营养元素的需要量，没有从相互协调、综合作用的角度分析各种营养元素之间的关系。因此，在利用最小养分律指导施肥实践时，应注意以下几个问题。

第一，最小养分是指按照作物对养分的需要来讲土壤中相对含量最少的那种养分，而不是土壤中绝对含量最小的养分。

第二，最小养分是限制作物产量的关键养分，为了提高作物产量必须首先补充这种养分，否则，提高作物产量将是一句空话。

第三，最小养分因作物种类、产量水平和肥料施用状况而有所变化，当某种最小养分增加到能够满足作物需要时，这种养分就不再是最小养分了，而是另一种养分又会成为新的最小养分。

第四，最小养分可能是大量元素，也可能是微量元素，一般而言，大量元素因作物吸收量大，归还少，土壤中含量不足或有效性低，而转化成为最小养分。

第五，某种养分如果不是最小养分，即使把它增加再多也不能提高产量，而只能造成肥料的浪费。

（三）报酬递减律与米氏学说

1. 肥料报酬递减律

18 世纪后期，法国古典经济学家杜尔格（A. R.J.Turgot）在对大量科学实验进行归纳总结的基础上，提出了报酬递减律。其基本内容为："土地生产物的增加同费用对比起来，在其尚未达到最大界限的数额以前，土地生产物的增加总是随费用增加而增加，但若是超过这个最大界限，就会发生相反的现象，不断地减少下去"。

在杜尔格提出土地报酬律之后，围绕着报酬递减律是否存在这个问题，世界上很多科学家进行了大量的科学实验，实验的结果不仅证实了土地报酬递减律确实是一种客观规律，并且还推演出了对普通资源投入具有广泛指导意义的资源报酬递减律。

在证实土地报酬递减律的实验研究中，大量的实验研究是以肥料和作物产量为研究对象的，研究的结果不约而同地得出了肥料报酬递减律，即在技术和其他投入量不变的情况下，作物的产品增加量随着一种肥料投入量的不断增加，依次表现为递增、递减的变化，这种情况称为肥料报酬递减律。

肥料报酬递减律不仅为国际上的科学实验所证实，也为我国的科学实验所证实。1987 年洛阳农业专科学校与洛阳农业经济学校联合进行的水稻产量与氮肥用量的试验也再次证实了肥料报酬递减律。从试验结果可以看出，随着碳酸氢铵用量的不断增加，水稻的边际产量（每千克碳酸氢铵获得的水稻产品增量）先是递增，继而递减，最后为负数，呈现典型的肥料报酬递减规律。

肥料报酬递减律之所以是一个经得起生产实践检验的自然规律，其原因在于：肥料生产的对象是作物，劳动对象是土地，作物和土地在一定的条件下都客观地存在着容纳度的界限，追加的肥料超过作物和土地的容纳度便不起作用，而且肥料生产过程的任何一种肥料投入都必须和其他肥料投入相配合，并且还要与其他资源投入水平相协调，形成一种多因素的平衡关系，如果不能形成这种多因素的平衡关系，仅仅追求一种肥料的用量，其报酬必然递减。

肥料报酬递减律对指导配方施肥具有重要的意义。但是，在利用肥料报酬递减律指导配方施肥时，必须在技术不变和包括另外肥料投入在内的其他资源投入保持在某个水平的前提下，如果技术进步了，并由此使其他资源投入改变了投入水平，且形成了新的协调关系，肥料的报酬必然提高。更何况，从历史的进程看，农业科学技术总是不断进步的，随着农业科学技术的进步，包括肥料在内的备种资源投入必然要达到新的水平，并使其关系更加协调，使肥料报酬能增加，这种情况已经为历史所证实，即随着农业学科技术的进步，肥料报酬也随之增加。

随着农业科学技术的进步，肥料报酬有增加的趋势，这与技术相对稳定，且其他资源投入量不变条件下的肥料报酬递减是不是矛盾呢？答案是否定的，即这两种规律是同时存在的。在农业生产过程中，既要努力推动农业科学技术的进步，提高肥料报酬水平，又要充分利用肥料报酬律指导配方施肥。尤其要认识到，在一定的时间内，农业科学技术水平总是相对稳定的，与农业科学技术水平相协调，包括其他肥料投入在内的多种资源投入总要保持在一个相对不变的协调水平上。在这种情况下，就能期望随着一种肥料投入量的增加，作物产量也无限制的增加，而应依据肥料报酬递减律，根据当时的技术水平和其他资源的可能投入量，确定能够获得最佳作物产量的某种肥料的投入量，实现肥料的最佳产投效果。

2. 米氏学说（E.A.Mitscherlich 学说）

米氏学说是在"最小养分律"的基础上发展起来的。米氏认为土壤中最缺养分的不断增加与产量的增加，并非成正比。在这个基础上，用数学公式可阐明植物养分与产量的关系。该定律简述如下：植物各生长因子如保持适量，仅有一个生长因子在改变（dX），此生长因子的增加所增加植物的产量（dY/dX），系与该生长因子增加至极限时所得到的最高产量（A）与原有产量（Y）之差成正比，即：

$$dY/dX = c (A - Y)$$

式中：c——比例常数，又称效应常数。

积分后得以下公式：$\lg (A - Y) = \lg A - cX$

如种子和土壤中原含有效养分为 6，则 $\lg (A - Y) = \lg A - c (X+6)$

A 与 c 可通过田间试验求得。现引用德国过去的试验资料，N、

P_2O_5、K_2O 效应常数分别为 0.122、0.60 和 0.93，产量单位是 kg/hm^2。以下是氮肥和磷肥用量对于小麦和马铃薯的产量估算：

小麦 N：$lg(89-Y) = lg89 - 0.122(x+i.ii)$

　　P_2O_5：$lg(31.2-Y) = lg31.2 - 0.60(X+1.06)$

马铃薯 N：$lg(550-Y) = 550 - 0.122(X+1.73)$

　　P_2O_5：$lg(283-Y) = lg283 - 0.60 \quad (X+1.32)$

根据德国的研究报告，按上式施肥计算的产量与生产实际的产量比较接近，最大误差平均不超过 3%。

米氏学说是有前提的，它只反映在其他技术条件相对稳定情况下，某一限制因子投入（施肥）和产出（产量）的关系。如果限制因子的施用超过最适数量时就变成毒害因素，不仅不能使作物增加产量，而且还会使产量降低，这一点已被国内外许多田间试验所证实。因此，在施肥实践中，要避免盲目性，提高利用率，发挥肥料的最大经济效益。

（四）因子综合作用律

作物生长发育的状况和产量的高低与多种因素有关，气候因素、土壤因素、农业技术因素等都会对作物生长发育和产量的高低产生影响。在农业生产过程中，为了使作物健壮地生长发育，获得较高的产量，必须满足与之有关因素的需要，与此同时，还必须使这些因素之间有良好的协调关系。如果其中一个因素供应不足、过量或与其他因素关系不协调，就会使作物不能健壮地生长发育而降低产量，因为在作物生产过程中，各有关因素之间存在着因子综合作用律。所谓因子综合作用律可概括为：作物生长发育的好坏和产量的高低取决于全部生活因素的适当配合和综合作用，如果其中任何一个因素与其他因素失去平衡，就会阻碍植物正常生长，最后将在产品上表现出来。

因子综合作用律可用木桶原理来表示（图 1-2）。木桶中水面的高低代表植物产量水平的高低，组成木桶的各块木板代表与作物生长有关的各种因素，木桶中水面的高低取决于组成木桶的最短木板的长度。与此原理相通，作物产量的高低决定于生长因素中满足需

图1-2 因子综合作用律的木桶原理示意

要程度最差的因素，木桶打水，要求各木块要达到协调的高度，作物生长要求各因素之间要协调一致。

因子综合作用律对指导施肥具有重要的意义，即施肥不能只注意养分的种类及其数量，还要考虑影响作物生育和发挥肥效的其他因素，只有充分利用各生产因素之间的综合作用，才能做到用最少的肥料投入获取最大的经济效益。如施肥与灌溉相结合，可以同时提高肥料和灌溉的经济效益，因为作物生长既需要养分也离不开水，而且土壤水分含量的高低，还会影响养分的转化和作物对养分的吸收。另外，增施肥料还会起到以肥调水和以肥节水的良好效果。

二、土壤肥力特性与施肥

土壤肥力是指土壤满足植物所需水分、养分、空气和热量的能力。是土壤本身的一种属性，其中水分、养分和空气是物质基础，热量是能量条件，它们是同等重要和不可替代的。农业土壤肥力的高低，一方面受自然因素的影响；另一方面受人类生产活动的影响，在这些因素影响下，土壤肥力可以不断提高，也可能会降低。土壤肥力是土壤生产力的基础，为了提高土壤的生产力（即提高植物产量），应重视土壤肥力的研究和施肥。

（一）养分状况

我国土壤养分的一般含量，各地差异很大。氮素一般为0.04%~0.26%，磷素一般为0.02%~0.3%，钾素一般为0.1%~3.0%。从微量元素看，随着生产水平的提高，越来越引起人们的重视。各地实践证明，某种土壤中若缺乏微量元素，即使在大量元素充足的情况下，也会明显地影响作物生长，甚至造成严重减产。

根据大量分析资料，我国耕地土壤中有机质和氮素含量以东北黑土最高，华南、长江流域的水稻土次之，而以华北平原、黄土平原土壤和黄淮海地区土壤为最低。凡是有机质含量较多的土壤，含氮量也高。

我国耕地土壤有机质和全氮量均较低，所以各地施用氮肥都有增产效果。根据全国化肥试验网于1981~1983年试验资料，在施用磷肥的基础上，每亩（1亩≈667m²，全书同）施氮肥（N）4~12kg，一般为8kg，每千克氮素平均增产稻谷9.1kg、小麦10.0kg、玉米13.4kg、高粱8.4kg、谷子5.7kg、青稞9.4kg、皮棉1.2kg、大豆4.3kg、油菜籽4.0kg、甜菜（块根）41.5kg。

我国土壤含磷量很不一致。华南砖红壤因风化程度强烈，土壤多呈弱酸性反应，是我国土壤平均含磷量最低的地区。华北黑土和白浆土含磷量一般较高。但白浆土往往在10cm以下，全磷量剧烈下降，所以在东北某地区施磷肥也有增产效果。大体上来说，我国土壤含磷量从南到北有逐渐增加趋势，从东到西也有一些增高。

根据我国耕地土壤的大量分析，估计约有1/3耕地土壤缺磷。南方土壤普遍缺磷，北方也有很多地区施磷肥有明显的增产效果。据全国化肥试验网的资料，在施用氮肥或钾肥的基础上，每亩增施磷肥（P_2O_5）3~9kg，平均6kg，每千克磷肥增产稻谷2.35kg、小麦4.05kg、玉米4.85kg、高粱3.2kg、谷子2.15kg、青稞2.35kg、皮棉0.34kg、大豆1.35kg、油菜籽3.15kg、甜菜（块根）23.85kg。与20世纪50~60年代相比，水稻磷肥增产效果远不及过去。这是由于南方那时施磷较多，产生后效的缘故。北方过去施用磷肥较少，目前氮肥用量较高，所以磷肥肥效较过去显著。

我国耕作土壤含钾量差异很大。雷州半岛、海南岛与广东、福建沿海平垣地分布的砖红壤含钾量很低；长江中、下游的低产田供钾水平低，钾肥有明显的增产效果。华北平原潮土和西北黄土含钾量均较高，但在沙质土壤中，钾肥对玉米、甘薯、棉花、甜菜均表现有一定的效果；东北黑土钾的含量一般较高，钾肥对春小麦、谷子的效果均不显著。

我国主要土类中，钾素分布总的趋势是：由北向南、由西向东，各种形态的钾素含量均趋向下降，说明我国东南部地区缺钾较严重，西北地区较轻。

根据 1981~1983 年多点试验结果，在施用氮、磷化肥的基础上，每亩施钾肥（K_2SO_4）2.5~10kg，每千克钾肥平均增产稻谷2.45kg、小麦 1.05kg、玉米 0.8kg、高粱 1.45kg、谷子 0.5kg、皮棉0.48kg、大豆0.75kg、油菜籽 0.32kg、甜菜（块根）8.95kg。

我国主要土类中微量元素含量变幅很大。微量元素供给不足便不能满足作物的需求，其主要原因是由于土壤本身含量低，或是植物难以吸收利用之缘故。如我国土壤全钼含量 0.1~6mg/kg，平均1.7mg/kg。缺钼的临界浓度为 0.15mg/kg。我国南方酸性土壤含钼全量并不低，但有效钼含量很低；北方石灰性土壤，其成土母质含钼量过低，有效钼含量必然不足。这两种缺钼土壤分布面积较广，是我国主要农作区缺钼很大的　部分。

钼是植物体内硝酸还原酶和固氮酶的组成成分，与植物的氮代谢密切相关。豆科植物的固氮作用需要钼，所以豆科植物是施用钼肥的主要对象。

（二）土壤反应

土壤反应直接影响了土壤微生物的活动。土壤有机质的转化，一般都在接近中性的环境中通过微生物的参与来完成。矿质养分的转化，大多受土壤酸碱反应的影响，例如磷在 pH 值为 6.5~7.5 时有效性最大，过酸过碱都会引起磷的固定，降低其有效性。在酸性土壤中磷酸可与铁、铝化合形成难溶性的磷酸铁和磷酸铝。在石灰性土壤中，与碳酸钙作用，形成难溶解的磷酸钙，均可降低磷酸的有效性，使作物难以得到必需的磷素营养。

土壤反应对土壤结构有很大影响。碱性土壤中，交换性钠增加，致使土粒分散，结构破坏。在酸性土壤中，导致黏土矿物分解，养分淋失，也使结构破坏。只有在中性土壤中，Ca^{2+} 和 Mg^{2+} 较多，土壤的结构性好，通气性也好。

土壤反应对植物生长也有一定影响。不同种类的植物，适应酸碱的范围不同。有些作物对酸碱反应很敏感，如甜菜、红三叶等要求中性和微碱性的土壤条件，而芝麻、荞麦等则适应能力强，在很宽的 pH 范围内都能生长良好。

（三）土壤氧化还原（Eh）

土壤中存在着许多氧化和还原物质。因此，在土壤中进行的化学和生物学过程中，经常进行着氧化还原反应。在一个氧化还原体系中，氧化物质所产生的氧化电位和还原物质所产生的还原电位的平衡值即氧化还原电位，它是土壤通气状况的重要标志之一。氧化还原电位值高，则土壤通气良好；反之，则土壤通气不良。通常把氧化还原电位值 300mV 作为土壤氧化还原的界限，大于此值的土壤中氧化过程占优势，小于此值的土壤中还原过程占优势。比如，旱地土壤与水田的氧化还原电位差别很大。旱地土壤在良好的排水条件下，其 Eh 值一般在 200mV 以上，而多数则变化在 300~400mV 以致 600~700mV。水田的 Eh 值往往低于 200~300mV，长期淹水的水稻土则可以低至 –200mV~ –100mV。

Eh 值过高、过低均对植物生长不利。当 Eh 值大于 700mV 时，土壤通气性太强，土壤处在完全好气的氧化状态，有机物质迅速分解，使大量养分被损失。同时有些养分如铁、锰等元素，完全以高价化合物状态存在，成为不溶性化合物沉淀于土壤中，作物不能吸收。当 Eh 值低于 200mV 时，铁、锰化合物呈还原态，土壤溶液中亚铁数量增多，甚至可以高到危害作物生长的程度。当 Eh 值由正值降到负值后，在某些土壤中可能出现硫化氢，对作物产生毒害。

（四）土壤水分

水分对植物养分有两方面作用：一方面可加速肥料的溶解和有机肥料的矿化，促进养分的释放；另一方面稀释土壤中养分浓度，并加速养分的流失，所以雨天不宜施肥。反之，如雨水不足，必然影响植物生长，对禾谷类作物还会影响分蘖，从而影响产量。

玉米试验表明，随着含水量的增加与施氮量的增加，玉米产量在增加，不同的含水量最高产量不同。当土壤水势为 2.0Pa 时，每公顷施氮 100kg，玉米产量稍有增加，再施氮肥，微有增加，以后反而减产。当土壤水势为 1.6Pa 时，施氮 200kg 就不再增产。当水势为 1.0Pa 时，施氮量至 300kg 后就不再增产。当水势为 0.5Pa 或 0.2Pa 时，在同样氮量施用下，玉米产量不断增加，但增产幅度是不断减少的。土壤含水量在 0.2~0.5Pa 内，氮肥的增产效果比较显著。

（五）土壤温度

在一定范围内，植物根系吸收养分的能力随土温升高而不断增加，但温度过高或过低都会大大地降低养分的吸收量。土温低，根系生长缓慢，减少了根的吸收面积；同时降低了根的呼吸作用，影响主动吸收。此外，低温使根细胞原生质黏性增大，加大了对离子进入的阻力。土温过高时，对根的吸收也不利。这是由于高温能使原生质的结构受到破坏，因而丧失半透性膜的性质，引起物质外漏。另外，高温也会使酶逐渐钝化，影响根的正常代谢，大大降低根的吸收作用。例如，栽培早稻常用尼龙育秧保温，晚稻生育后如遇低温，常灌深水保温。在夏季高温时，常采用日灌夜排来降低土温。目的是调节土温，以适应植物的生长和对养分的吸收。

各种作物所需要的适宜土温不同。棉花为 28~30℃，烟草为 22℃，玉米为 25~30℃，水稻为 30~32℃。如温度过低或过高，均会影响对养分的吸收。对水稻来说，影响较显著的有 Si、K、P 和 NH_4^+-N，而 Ca 和 Mg 则影响较少。

在我国华北、东北等寒冷地区以及山坡北面，除增施磷、钾肥和腐熟的有机肥外，还须使用热性肥料，如驴粪、马粪、羊粪和禽粪、兔粪，以提高土温。此外，有机肥料能促进土壤团粒结构的形成，由于团粒的增加，团粒与团粒之间的水分就不会积累，水分结冰时对根群引起的机械损伤就不至于发生。到来年春暖雪融，雪水就很容易透入土中，不致积累在表土，浸渍植物根部，影响植物生长。所以在有团粒结构的土壤里，不仅水、肥、气、热得到调节，而且还间接减少冻害，有利于植物的生长。

（六）土壤质地

不同土壤质地，保肥供肥能力不同，对施肥影响较大。土壤按质地分为3类：沙土类、黏土类、壤土类。

沙性大的土壤，水分向下渗漏快，表面干性，通气性好，温度变化大，土壤保持化肥肥分能力较差，易引起漏肥现象。如一次施肥太多，施肥后碰到大雨或大量灌水，易引起肥分流失。沙性土壤，盐碱代换量低，大部分肥分不能即时完全被土壤胶体吸附，易流失，引起"烧苗"，所以应适时适量分次施肥浇水。

黏土类土壤，养分含量高，温度低而稳定，通气性差，保肥保水性好，肥力缓而长，因此，一次用量多些，也不致引起"烧苗"和肥分流失。但后期施氮肥量太多，会引起作物贪青晚熟。

壤土类土壤，有机质分解快，保肥供肥性能好，水、肥、气、热协调好，可底肥与追肥并重，但在产量不高地区可一次性施足底肥。

三、气候条件与施肥

农业生产与工业生产不同，大都为自然条件下的大田作业，气候条件对植物的生长发育、产量及经济效益有着决定性的影响。

（一）光照

农业生产的实质即植物利用太阳光能进行光合作用，制造各种有机物质。目前，植物对光能利用率很低，仅为0.4%左右。因此，施肥首先应考虑如何提高光能的利用。就是说，如何促进光能，是夺取植物高产的重要研究课题。

合理施肥能提高作物对光能的利用，形成更多的ATP，供作物代谢之用。在各种养分中，N、P、K、Mg、S、Fe、Mn、Cu、Cl均属必需元素，它们有的作为叶绿素的组成成分，有的是光合作用光反应所必需元素，还有些可调节类囊体膜内外的质子与阳离子间的电荷平衡。但一般土壤中Mg、S、Mn、Cu、Cl大多不缺乏。我国土壤普遍缺氮，约有1/3以上的耕地土壤缺磷，1/4左右的耕地缺钾。在缺磷、缺钾土壤施用磷、钾肥，能促进光合磷酸化作用，有利于提高产量。

除上述营养元素外，光合作用还需 C、H、O 及微量元素 Fe、Zn 等，即 16 种必需元素直接或间接与光合作用有联系，但一般土壤中并非所有营养元素都不足，主要是 C、H、O 与 N、P、K，仅部分土壤缺少 Mg、S 和微量元素。因此，合理配合施用有机肥料和化学肥料，结合灌排系统，是保证农业生产力的有力措施。

(二) 降水量

雨水对植物养分有两方面的作用：一方面可加速肥料的溶解和有机肥料的矿化，促进植物对养分的吸收；另一方面稀释土壤溶液浓度，并加速养分的淋失，所以在雨天不宜施肥。不同地区降水量差异较大，从而影响着不同作物种类的布局和不同肥料中不同养分的吸收、挥发、淋失，并使养分在不同土层中的分布状况发生改变，也影响了作物产量和产品质量，最终影响经济效益。在干旱地区，化肥如作为种肥或追肥施用时，土壤含水量低，化肥不能全部溶解和及时供给作物需要，有时错过作物需肥的关键时期，引起后期贪青徒长，这样在寒冷及早霜地区，容易使作物遭受霜寒。半干旱地区，虽养分能够部分溶解，但土壤溶液加浓，增大作物吸收水分和养分的压力，使植物难以吸收利用。施用化肥后，有时看到作物幼苗萎蔫、叶尖枯黄现象，就是烧苗，这大多是由于施用化肥后，土壤墒情差或直接接触了作物根、茎、叶而造成的。如在降水量大而集中的地区和季节，选择化肥品种时应避免施用硝态氮肥，以防随地表径流流失或进入地下水造成养分的损失和水质的污染；在肥料的分配上也不应将硝态氮肥分配到低洼易涝区，如降水过多，就会造成土壤中的还原条件，使硝态氮素经反硝化作用而大量损失。据国外资料，玉米对钾的反应与 6 月、7 月、8 月 3 个月的总水量有关，当降水量为 350~500 mm 时，玉米对钾肥只有轻微的反应；当降水量超过 500 mm 时，钾肥肥效明显提高。

(三) 风

对农业生产影响较大的是春夏之交的干热风，常引起植株失水，根系早衰而丧失吸收养分的能力，造成小麦灌浆终止，影响产量和质量。生产上常用叶面喷施磷酸二氢钾来防止或减轻干热风的危害。作用机理是：第一，防止根系早衰，延长对养分和水分的吸收时间，激活和强化吸收功能，保证植株正常生长；第二，延缓叶片衰老，增强光合作用，加快光合产物的运转。

(四) 温度

温度对植物营养的作用有两方面：能促进土壤有机质的矿化，供给植物的有效养分；能促进植物的新陈代谢，增强植物的呼吸，有利于植物对养分的吸收。温度过高过低，对植物生长均有不良的影响。在寒冷地区，应多施腐熟的有机肥料、热性肥料如马、牛、羊粪和禽粪及磷、钾肥料。腐殖质肥料能促进土壤团粒结构的形成，水、肥、气、热得到调节，并可减少冻害。

四、肥料性质与施肥

肥料的性质不同，施入土壤后的转化也不一样，对植物体的当季营养作用和后效则不可能一致。因此，掌握肥料性质对植物营养是非常重要的。由于相关技术资料上均有详细讲解，这里不再重复，可以参考相关资料。

五、栽培技术与施肥

各种生态因子综合作用的结果表现在作物高产稳产上。因此，施肥是否经济有效与耕作、灌溉、轮作制度、种植密度及病虫害防治等农业技术条件密不可分。

(一) 耕作与施肥

耕作可以改变土壤的理化性状和微生物的活动，进而影响土壤中的环境条件，促进土壤养分的分解和调节土壤养分供应状况，而且还能促控植物根系的伸展和对养分的吸收能力。如早春麦田管理，对弱苗可以通过浅中耕增加土壤通气，使土温迅速升高，促进好气性微生物的活动，加速土壤中有机态氮素的矿化分解；同时麦苗很快复苏，根系吸收能力增加，再结合施肥，即可达到由弱转壮的目的。而对旺苗，则实行深中耕，断其部分根系，减少对养分的吸收，促其快速两极分化，减少无效分蘖；同时，由于土壤大孔隙增加，水分蒸发加剧，表层缺水，又有利于麦苗下扎，以便后期吸收养分，满足拔节、抽穗和灌浆过程的需要。

另外，施肥后结合耕作，可使土肥相融，减少养分损失，还可防除杂草，保证土壤对植株提供养分，提高肥料利用率。

（二）轮作与施肥

由于我国可耕地面积较少，提高单位面积产量则尤为重要。一熟变两熟，两熟变三熟，复种指数不断提高。因此，不仅所需养分的数量会逐渐增多，而且养分的构成也会发生变化。如在黄潮土区麦—棉套种，每亩需氮（N）约15kg、磷（P_2O_5）7~8kg、钾（K_2O）8kg，养分比例为：$N:P_2O_5:K_2O=1:0.47~0.53:0.53$。若在其中插入一季南瓜，则每亩需施氮19.7kg、磷（P_2O_5）9.5~11kg、钾（K_2O）17.5kg，养分比例为：$N:P_2O_5:K_2O=1:0.48~0.56:0.89$。

（三）密植与施肥

合理密植是夺取作物高产的基础。要使栽培作物达到一定的产量指标，必须有一定数量的植株作保证。如目前已逐步推广的竖叶型玉米杂交种，种植密度每亩必须达到4 500~5 500株，否则，其产量将不如大穗展叶型品种丹玉13号。在生产实践中，我们可以根据土壤情况，按照品种可能达到的目标产量所需要的施肥量，分别采取"前重后轻"或"前轻后重"的施肥原则，在施足基肥的前提下，攻秆、攻穗、攻籽，夺取高投入、高产出、高效益。如果不了解品种特性，错将竖叶型按展叶型密度要求（每亩3 500~4 000株）种植，要想达到设定产量（每亩750~1 000kg）就根本不可能，再按设定目标产量所需要的施肥量进行施肥，则只会是徒耗养分增加成本。

（四）灌溉与施肥

良好的灌溉可以大大提高施肥的效果。在旱作区，若需施肥时恰逢干旱又不能灌溉，施入的肥料不仅不能营养植株，反而还会由于土壤溶液浓度增加致使植物细胞中的水分外渗（由于土水势大于细胞水势而引起生理干旱），加速植株的萎蔫和死亡。若能结合施肥浇水，水肥相济，可充分发挥肥料的增产效果。

(五) 病虫防治与施肥

科学合理地施用肥料，可以促进作物个体强健正常，增强抗逆能力；相反，若施肥不当，不仅会引起植株代谢失调，还会导致病虫为害，反过来影响肥料的施用效果。据介绍，施氮肥过多时，植株柔嫩多汁，体内游离氮（主要以氨基酸和酰胺形态存在）增加，可诱发病虫害。如水稻易染稻瘟病，小麦易染白粉病，棉花易生蚜虫等。禾谷类植物施用硅肥，可促使细胞硅化，角质层加厚，而硅化细胞能增加叶片的穿孔阻力，对防御病虫为害有利。

有些植物病害是由缺素引起的。如水稻胡麻叶斑病、烟草花叶病、棉花红叶茎枯病等是缺钾造成的。玉米花叶病、苹果丛叶病等则是缺锌所致。因此，根据植物病害发生情况也可估测植株营养情况，对症施肥。

有些物质本身既可防治植株病虫害，也可营养植株。如草木灰，既可防止南瓜病虫为害，又是很好的农家肥。而高锰酸钾不仅可以防治某些植株病毒病，还可为其提供钾元素和锰元素，起到药肥双效的作用。

(六) 化学控制与施肥

化学控制是指植物的生长发育受激素的调控控制。不同的植物种类对不同的植物生长调节物质有不同的反应，根据植物这些特点采用相应的药剂进行处理，以获得预期的化学调控效果。近年来，我国在粮油、蔬菜等作物上应用化学控制技术均已取得了十分显著的经济效果，但是植物生长调节剂不是营养物质，不能代替化肥、光、水、温度等所起的作用。大量实践表明，要使植株健壮，仍离不开农业技术措施的综合应用。例如用乙烯利处理黄瓜，能多开雌花多结果，这就需要对它供给更多的营养，才能显著地增加黄瓜产量，但如果施肥跟不上，则会造成黄瓜后劲不足和早衰，使产量大大降低。

六、农产品质量安全与施肥

施肥对农产品质量的影响国内外已有大量的研究报道，这里主要是众多有研究成果进行概括性的说明。

(一) 大量营养元素肥料对农产品质量的影响

1. 氮肥的影响

氮对动植物体内氨基酸、蛋白质、核酸等的合成起重要作用，氮肥对农产品质量的正效应主要表现在提高农产品尤其是禾谷类作物籽粒和牧草的蛋白质含量，必需氨基酸含量及维生素 B_1 含量等。在供氮不足到适量范围内，增施氮肥能显著地提高小麦、玉米、水稻、大麦等籽粒的蛋白质含量，对于小麦，适当增施氮肥，还能提高面包的烘烤质量。氮肥对农产品质量的正效应在油料作物（如油菜）上表现为籽粒含油量的提高，但后期供氮会增加籽粒蛋白质含量，降低含油量；供氮充足在叶菜类蔬菜上表现为鲜嫩多汁，感官品质改善；在果树上主要为果型的增大。

氮肥过量或不足都会对农产品质量产生负效应，供氮不足主要表现在植株矮小，果实僵化，而且会降低农产品的蛋白质含量和碳水化合物含量；供氮过量导致蔬菜作物尤其是叶菜类、根菜类和茎菜类蔬菜 NO_3^- 积累，使蔬菜产品的卫生质量下降，氮肥过量使甜菜块根中甜菜碱含量增加，含糖量降低，加工质量变劣。施氮过量对果品质量的负效应主要表现在粗皮大果，果实成熟不一致，着色不良、含糖量降低、口感变差，而且果品不易保存，货架期短。另外，氮肥过量还会使果实、蔬菜、花卉等作物易受病虫害为害，外观品质和商品性降低。

2. 磷肥的影响

磷对植物体内磷脂、磷蛋白、核蛋白、ATP、植酸钙镁等一系列主要组分的形成有重要作用，直接参与植物正常生理代谢。磷肥对农产品质量的正效应也主要表现在提高蛋白质、必需氨基酸和多种维生素的含量。在禾谷类作物和豆科牧草上尤为明显；对油菜表现为提高含油量，糖用甜菜和甘蔗表现为提高含糖量；对甘薯和马铃薯表现为提高淀粉含量；对棉花表现为提高衣分和棉纤维长度。对果树有利于果实膨大，提高含糖量，改善风味，并能提高果实中的植酸钙镁和维生素含量，对增加营养品质和商品品质都有好处。

磷肥过量，尤其是后期供磷过多会降低禾谷类作物籽粒淀粉含量和千粒重；有些报道认为磷肥过量还可能使农产品的含锌量降低，使其营养品质下降。常用的磷肥中含有一定量的镉，长期大量施用磷肥，可能导致土壤中镉的积累，继而使农产品的含镉量超过食品卫生标准，使其卫生质量降低。

3. 钾肥的影响

钾在植物体内碳水化合物代谢中的作用特别突出，钾肥对农产品质量的正效应主要表现在提高甘蔗和甜菜的含糖量、甘薯和马铃薯的淀粉含量、油菜等油料作物的含油量，以及棉花、黄红麻等的纤维质量；增施钾肥还能改善果品及果菜类蔬菜的着色、形状、口味等质量性状。钾肥能提高烟草的可燃性。

供钾不足瓜果蔬菜及果实膨大受抑制，外观品质下降，同时糖度下降。供钾不足还使叶菜类蔬菜持嫩性降低。牧草过多的钾会抑制镁的吸收。引起食草动物缺镁，引起猝倒病。

（二）中量营养元素肥料对农产品质量影响

钙是植物细胞壁的主要成分，对植物保持一定的机械强度有重要作用，钙肥对农产品的正效应主要表现在提高果品及果菜类蔬菜的贮运性能，延长贮藏时间，减少运输过程中的损伤和损失。镁是叶绿素的组成部分，直接参与光合作用和碳水化合物的合成代谢，镁肥对农产品质量的正效应主要表现在提高含糖量、淀粉含量、含油量及纤维含量等；牧草中保持适当的含镁量和钾镁比例对防治反刍动物缺镁症十分重要。硫对植物体内含硫氨基酸、蛋白质及特殊含硫化合物的形成起到重要作用，硫肥对农产品质量的正效应主要表现在提高氨基酸和蛋白质含量；硫肥还能改善葱蒜类和芥菜等的特殊风味。

钙质肥料尤其是石灰施用过量时会降低土壤中微量元素的植物有效性，降低农产品中锌、铁、锰的含量，使营养品质下降。

镁肥使用过量在生产中一般很少发生，其对农产品质量的影响尚不明确。

生产上单一施用硫肥很少见，含硫化肥（如硫酸铵、过磷酸钙等）在正常的施用量条件下，一般不会导致硫肥过量。水稻在淹水条件下大量施用含硫化肥有可能发生 H_2S 中毒，使籽粒产量和品质降低。

(三) 微量元素肥料对农产品的影响

铁和锰既是植物的必需营养元素，也是动物和人的必需营养元素，因此农产品中铁和锰的含量即为质量指标。锰肥对农产品质量的正效应还表现在提高农产品的维生素（如类胡萝卜素和维生素 C 等）含量，增加芦笋中的皂苷含量。铜肥对农产品质量正效应是提高小麦籽粒的淀粉含量及饱满程度。锌是植物、动物和人体正常发育所需的微量营养元素，被誉为"生命的火花"，农产品的含锌量已被列入重要的质量指标。锌肥对农产品的质量正效应主要表现在提高蛋白质含量和淀粉含量等，在茶树上表现为芽和新叶儿茶酸含量的增高。硼在植物体内碳水化合物转运和转化中起重要作用，硼肥对农产品质量的正效应主要表现在提高油菜籽粒的含油量、甜菜块根和甘蔗的含糖量、甘薯、马铃薯及大麦籽粒的淀粉含量、棉花的衣分与纤维质量、柑橘果实和葡萄果穗的感官品质等。钼在豆科植物—根瘤菌共生固氮作用和植物体内硝酸盐还原作用过程中起重要作用，钼肥对农产品质量的正效应主要表现在提高氨基酸和蛋白质含量。

微量元素过量也会对农产品质量带来负面影响。锰过量多见于酸性土壤上，水稻和大麦、小麦锰中毒时籽粒产量和品质均明显降低。果树作物锰中毒时，果实形小，着色不匀，感官质量降低。

铜和锌虽然是必需微量营养元素，但也是主要的污染重金属元素。一些作物（尤其是蔬菜作物）在生长未受显著影响时，体内已积累了较高水平的铜或锌，达到甚至超过食品卫生标准（国家蔬菜卫生指标：Cu<10mg/kg，Zn<20mg/kg），使农产品的卫生质量降低。硼过量对农产品质量直接的不良影响还不明确。硼过量会抑制植物

对钼的吸收，使植物体内 NO_3^- 积累，使蔬菜产品（尤其是根菜、叶菜和茎菜）的卫生质量下降。

钼过量主要表现为牧草含钼量过高（>5mg/kg）引起反刍动物钼中毒。

氯过量除了土壤和灌溉水含氯量过高（如滨海地区）外，主要是由大量施用含氯化肥引起的。氯过量对农产品质量的不良影响生产上较为常见，主要表现为小麦籽粒蛋白质含量的降低、马铃薯贮藏品质变劣、甘蔗含糖量及加工质量降低、蔬菜产品粗纤维含量增加与感官（如适口性）品质降低以及烟草有机酸含量降低、蛋白质含量增加、可燃性变差等。

（四）有机肥料对农产品质量的影响

有机肥料能直接提供相当数量的营养物质，还能提高大量元素和微量营养元素的植物有效性及化学氮肥的利用率。有机无机肥配合施用对提高农产品的营养品质、感官品质和加工品质均有良好的促进作用。尤其是果品蔬菜的生产，多施用有机肥料能提早成熟，增加色泽，提高糖度和改善口感，延长产品的货架期。

但是，有机肥料施用不当易使作物在生育前期发生氮营养缺乏，而在生育后期发生氮营养过剩，这在水稻和大麦、小麦等禾谷类作物上较为常见，最终导致籽粒和品质的下降。

未经无害化处理或处理不完全的人畜粪尿作为有机肥料施用时通常使农产品，尤其是蔬菜产品沾染各类病原体，使其卫生质量下降。

污泥、城市生活垃圾及养殖场畜禽粪便等有机肥料通常含有一定数量的重金属，不合理施用时会使农产品中的重金属含量达到甚至超过食品卫生临界指标，使农产品的卫生质量下降。

第二章　测土配方施肥与化肥减量增效

第一节　测土配方施肥技术的主要概念、依据

一、测土配方施肥的概念与内容

农作物生长的根基是土壤，植物养分中的 60%~70% 是从土壤中吸收的。而测土配方施肥技术是一种有效的施肥手段。它协调和解决了作物需求、土壤供应和土壤培肥这 3 方面的关系，实现了各种养分全面均衡供应，最终达到优质高产、节支增收的目的。

测土配方施肥是农业技术人员运用现代农业的科学理论和先进的测试手段，为农业生产单位或农户提供科学施肥指导和服务的一种技术系统。所谓测土配方施肥就是指：以土壤养分测试和肥料田间试验为基础，根据作物需肥规律、土壤供肥性能和肥料性质及肥料利用率，在合理施用有机肥的基础上，提出氮、磷、钾及中量、微量元素等肥料的施用品种、数量、施肥时期和施用方法，以满足作物均衡地吸收各种营养，同时维持土壤的肥力水平，减少养分流失和对土壤的污染、达到高产、优质和高效的目的。

测土配方施肥的主要内容概括为 6 个字，3 个步骤，即"测土—配方—施肥"。

"测土"是配方施肥的基础，也是制定肥料配方的重要依据。能否将肥料施好，首先看能否将"测土"这个步骤做好，因此这一步很关键。它包括取土和化验分析两个环节，具体开展时要根据测土

配方施肥的技术要求、作物种植和生长情况，选取重点区域、代表性地块进行有针对性地取样分析，这样才能正确测定土壤中的有关营养元素、摸清土壤肥力的详细情况，掌握好土壤的供肥性能。

"配方"是配方施肥的重点。就是根据土壤中营养元素的丰缺情况和计划产量等问题提出施肥的种类和数量。即经过对土壤的营养诊断，按照庄稼需要的营养种类和数量"开出药方并按方配药"。这一步骤既是关键又是重点，是整个技术的核心环节。其中心任务是根据土壤养分供应状况、作物状况和产量要求，在生产前的适当时间确定出施用肥料的配方，即肥料的品种、数量与肥料的施用时间、施用方式和方法。

"施肥"是配方施肥的最后一步，就是依据农作物的需肥特点制定出基肥、种肥和追肥的用量，合理安排基肥、种肥和追肥的比例、规定施用时间和方法，以发挥肥料的最大增产作用。具体实施时有两种选择途经：一是直接使用已经制定好的配方肥料，由肥料经销商向农民供应制好的配方肥，使农民用上优质、高效、方便的"傻瓜肥"，省去个人配肥的烦琐工作。二是针对示范区农户地块和作物种植状况，制定"测土配方施肥建议卡"，在建议卡上写明具体的各种肥料种类及数量，农民可以根据配方建议卡自行购买各种肥料，并配合施用。特别需要注意的是，这里所说的肥料应当包括农家肥和化肥的配合施用。

测土配方施肥技术包括"测土、配方、配肥、供应、施肥指导"5个核心环节的九项重点内容。

1. 田间试验

田间试验是获得各种作物最佳施肥量、施肥时期、施肥方法的根本途径，也是筛选、验证土壤养分测试技术、建立施肥指标体系的基本环节。通过田间试验，掌握各个施肥单元不同作物的优化施肥量，基、追肥分配比例，施肥时期和施肥方法；摸清土壤养分校正系数、土壤供肥量、农作物需肥参数和肥料利用率等基本参数；构建作物施肥模型，为施肥分区和肥料配方提供依据。

2. 土壤测试

测土是制定肥料配方的重要依据之一，随着我国种植业结构不断调整，高产作物品种不断涌现，施肥结构和数量发生了很大的变化，土壤养分库也发生了明显改变。通过开展土壤氮、磷、钾、中微量元素养分测试，了解土壤供肥能力状况。

3. 配方设计

肥料配方环节是测土配方施肥工作的核心。通过总结田间试验、土壤养分数据等，划分不同区域施肥分区；同时，根据气候、地貌、土壤、耕作制度等相似性和差异性，结合专家经验，提出不同作物的施肥配方。

4. 校正试验

为保证肥料配方的准确性，最大限度地减少配方肥料批量生产和大面积应用的风险，在每个施肥分区单元，设置配方施肥、农户习惯施肥、空白施肥 3 个处理，以当地主要作物及其主栽品种为研究对象，对比配方施肥的增产效果，校验施肥参数，验证并完善肥料配方，改进测土配方施肥技术参数。

5. 配方加工

配方落实到农户田间是提高和普及测土配方施肥技术的最关键环节。目前不同地区有不同的模式，其中最主要的也是最具有市场前景的运作模式就是市场化运作、工厂化生产、网络化经营。这种模式适应我国农村农民科技素质低、土地经营规模小、技物分离的现状。

6. 示范推广

为促进测土配方施肥技术能够落实到田间地头，既要解决测土配方施肥技术市场化运作的难题，又要让广大农民亲眼看到实际效果，这是限制测土配方施肥技术推广的"瓶径"。建立测土配方施肥示范区，为农民创建窗口，树立样板，全面展示测土配方施肥技术效果。推广"一袋子肥"模式，将测土配方施肥技术物化成产品，打破技术推广"最后一公里"的"坚冰"。

7. 宣传培训

测土配方施肥技术宣传培训是提高农民科学施肥意识，普及技术的重要手段。农民是测土配方施肥技术的最终使用者，迫切需要向农民传授科学施肥方法和模式；同时还要加强对各级技术人员、肥料生产企业、肥料经销商的系统培训，逐步建立技术人员和肥料商持证上岗制度。

8. 效果评价

农民是测土配方施肥技术的最终执行者和落实者，也是最终的受益者。检验测土配方施肥的实际效果，及时获得农民的反馈信息，不断完善管理体系、技术体系和服务体系。同时，为科学地评价测土配方施肥的实际效果，必须对一定的区域进行动态调查。

9. 技术创新

技术创新是保证测土配方施肥工作长效性的科技支撑。重点开展田间试验方法、土壤养分测试技术、肥料配制方法、数据处理方法等方面的研发工作，不断提升测土配方施肥技术水平。

二、测土配方施肥的依据

测土配方施肥，考虑到作物、土壤、肥料三方面的相互联系，其理论依据主要有以下几个方面。

1. 土壤肥力是决定作物产量高低的基础

在各种环境条件和管理水平相对一致时，作物产量的高低取决于土壤的肥力水平。从生产上来说，往往把无肥区的作物产量看作土壤肥力的综合指标，称为地力产量，无肥区的产量与全肥区的产量之比，就可以反映出土壤肥力在作物产量形成中所占的百分比。不同作物这一百分数有一定差异，但一般在 50%~60%，即作物产量中地力产量占 1/2~2/3，简单地说"作物产量的 1/2~2/3 是来自土壤"，可见土壤肥力的重要性。

2. 用地和养地的关系

土壤中的养分贮量是有限的，作物的生长要不断地消耗土壤养分，随着作物的每次收获，必然要从土壤中带走大量养分，因此必须向土壤施肥以归还作物带走的养分，确保土壤可持续使用。施肥中必须有机、无机养分配合使用，才能维持和提高土壤肥力。正确处理好肥料（有机肥料与无机肥料）投入与作物产出、用地与养地的关系，是提高作物产量、改善作物品质、维持和提高土壤肥力的重要措施，也是农业生产实现可持续发展的重要措施。

3. 作物不会因施肥量增加而永远增加

在相同的生产条件下，作物产量是随着施肥量增加而增加，但作物的增产量是随着施肥量的增加而逐渐递减。当作物产量达到最高点后，再增加施肥量，不但不增产，反而引起减产。这说明在生产实践中不是施肥越多产量越高。因此必须改变生产条件，如更换新的品种，采取其他新的技术等，才能在提高产量的同时增加报酬。因此，在一定生产条件下，确定最佳的施肥量以达到最大的效益是作物施肥的核心。

4. 作物生长所必需的多种营养元素之间有一定的比例

根据作物最小养分律，有针对性地解决好限制提高当地产量的最小养分，协调各养分元素之间的比例关系，实行氮、磷、钾和中微量元素肥料的配合使用，发挥各种营养元素之间的互相促进作用，是施肥的重要依据。

5. 测土配方施肥是一项综合技术

测土配方施肥虽然以确定不同养分的施肥总量为主要内容，但为了充分发挥肥料的最大增产效益，施肥必须与选用良种、肥水管理、耕作制度和气候变化等影响肥效的诸多因素相结合。配方肥料生产要求有严密的组织和系列化服务，形成一套完整的施肥技术体系。作物生长要求各营养元素之间协调一致，只有既满足肥力要求，又满足其他生产条件，才能得到较好的收益。因此测土配方施肥是一项综合性技术，是在其他的配套措施有力保证的基础上发挥效益的。

第二节　测土配方施肥技术的推广体系与方法

一、测土配方施肥的主要方法

广大土壤肥料科技工作者经过大量的试验研究和生产实践，总结出适合我国不同类型区的作物测土配方施肥基本方法。主要分为3个类型、6种方法：即地力分区配方法、目标产量配方法（包括养分平衡法、地力差减法）和田间试验配方法（包括肥料效应函数法、养分丰缺指标法、氮磷钾比例法）。

（一）地力分区（级）配方法

地力分区（级）配方法的主要内容有两方面，首先根据地力情况，将田地分成不同的区或级，然后再针对不同区或级田块的特点进行配方施肥。

1. 根据地力分区（级）

分区（级）的方法，可以根据测土配方施肥土壤样本检测数据，按土壤养分测定值高低，划分出高、中、低不同的地力等级；也可以根据产量基础，划分若干肥力等级。在较大的区域内，可以根据测土配方施肥耕地地力评价，对农田进行分区划片，以每一个地力等级单元作为配方区。

2. 根据地力等级配方

由于不同配方区的地力差别，应在分区的基础上，针对不同配方区的特点，根据土壤样点分析数据及田间试验结果，以及当地群众的实践经验，制定出适合不同配方的适宜肥料种类、用量和具体的实施方法。

（二）目标产量配方法

目标产量配方法是根据作物产量的构成，按照土壤和肥料两方面供应养分的原理来计算施肥量。目标产量确定后，根据需要吸收多少养分才能达到目标产量，来计算施肥量。此方法又可分为养分平衡法和地力差减法，两者的区别在于计算土壤供肥量的不同。

1. 养分平衡法

养分平衡法，是通过施肥达到作物需肥和土壤供肥之间养分平衡的一种配方施肥方法。其具体内容是：用目标产量的需肥量减去土壤供肥量，其差额部分通过施肥进行补充，以使作物目标产量所需的养分量与供应养分量之间达到平衡。

2. 地力差减法

地力差减法是利用目标产量减去地力产量来计算施肥量的一种方法。地力产量就是作物在不施任何肥料的情况下所得到的产量，又称空白产量。

(三) 田间试验配方法

选择有代表性的土壤，应用正交、回归等科学的试验设计，进行多年、多点田间试验，然后根据对试验资料的统计分析结果，确定肥料的用量和最优肥料配合比例的方法称为田间试验法。

1. 肥料效应函数法

不同肥料施用量对作物产量的影响，称为肥料效应。施肥量与产量之间的函数关系可用肥料效应方程式表示。此法一般采用单因素或双因素多水平试验设计为基础，将不同处理得到的产量进行数理统计，求得产量与施肥量之间的函数关系(即肥料效应方程式)。对方程式的分析，不仅可以直观地看出不同元素肥料的增产效应，以及其配合施用的联应效果，而且还可以分别计算出肥料的经济施用量 (最佳施用量)、施肥上限和施肥下限，作为建议施肥量的依据。

2. 养分丰缺指标法

对不同作物进行田间试验，如果田间试验的结果验证了土壤速效养分的含量与作物吸收养分的数量之间有良好的相关性，就可以把土壤养分的测定值按一定的级差划分成养分丰缺等级，提出每个等级的施肥量，制成养分丰缺及所施肥料数量检索表，然后只要取得土壤测定值，就可对照检索表按级确定肥料施用量，这种方法被称为养分丰缺指标法。

为了制定养分丰缺指标，首先要在不同土壤田地上安排田间试验，设置全肥区 (如 NPK) 或缺肥区 (如 NP) 两个处理，最后测定各试验地土壤速效养分的含量，并计算不同养分水平下的相对产量 (即 NP/NPK×100)。相对产量越接近 100%，施肥的效果越差，说明土壤所含养分丰富。在实践中一般以相对产量作为分级标准。通常的分级指标是：相对产量大于 95% 归为 "极丰"，85%~95% 为 "丰"，75%~85% 为 "中"，50%~75% 为 "缺"，小于 50% 为 "极缺"。在养分含量极缺或缺的田块施肥，肥效显著，增产幅度大；在养分含量中等的田块，肥效一般。可增产 10% 左右；在养分含量丰富或极丰富田块施肥，肥效极差或无效。

3. 氮、磷、钾比例法

通过田间试验，确定氮、磷、钾三要素的最适用量，并计算出三者之间的比例关系。在实际应用时，只要确定了其中一种养分的用量，然后按照各种养分之间的比例关系，再决定其他养分的肥料用量，这种定肥方法叫氮、磷、钾比例法。

配方施肥的 3 类方法可以互相补充，并不互相排斥。形成一种具体的配方施肥方案时，可以其中一种方法为主，参考其他方法，配合运用，这样可以吸收各种方法的优点，消除或减少采用一种方法的缺点，在产前确定更加符合实际的肥料用量。

二、测土配方施肥的实施

测土配方施肥技术是一项较复杂的技术，涉及面比较广，是一个系统工程。整个实施过程需要农业教育、科研、技术推广联合起来同广大农民相结合，配方肥料的研制、销售和应用相结合，现代先进技术与传统实践经验相结合。测土配方施肥的实施具有明显的系列化操作、产业化服务的特点，农民掌握起来不容易，只有把该项技术物化后，才能够真正实现。即测、配、产、供、施一条龙，由专业部门进行测土、配方，由化肥生产企业按配方进行生产并供应给农民，由农业技术人员指导农民科学施用。测土配方施肥的实施主要包括土样采集、制备与化验，配方的确定、加工与购置，科学用肥，田间监测与修订配方这几个方面。

（一）土样采集、制备与化验

1. 土样采集

采集土样是测土配方施肥的基础，采样不准，将根本上失去了配方施肥的科学性。采样的要求是：地点选择以及采集的土壤都要有代表性。土样采集一般在秋收后，即作物收获后或播种施肥前进行采集。但也要根据实际需要而定，如果园应在采摘后及下一次施肥前进行采集；如果用于指导氮肥追肥时，土样应在追肥前或作物生长的关键时期进行采集。

在采样前，首先要详细了解采样地区的土壤类型、肥力差异和地形等因素，采样时应将测土配方施肥区划分为若干个采样单元，划分的标准是每个采样单元的土壤要尽可能的均匀一致。采样单元要根据地貌类型及种植作物的不同，有所区别，平原区、大田作物每100~500亩采一个混合样，丘陵区、大田园艺作物每30~80亩采一个混合样。同时要根据情况而定，如果地块面积大、肥力近似的，取样代表面积可以放大一些；如果是坡耕地或地块零星、肥力变化大的，取样的代表面积还可以再小一点。取样的深度要根据作物类型及需要而定，若要了解生长期内土壤耕层中养分的供应状况，采样深度一般为 0~20 cm，果园根据果树种类可以采 0~40 cm 或 0~60 cm。如种植作物的根系较深，采样深度可以适当加深。采混合样时，要保证有足够的采样点，确保土样的代表性。每个样品采样点的多少，取决于采样单元的大小、土壤肥力的一致性等，一般是 7~20 个点。采样时应沿着一定的线路，按照"随机""等量"和"多点混合"的原则进行采样。一般采用 S 形布点采样，这样能较好地克服耕作、施肥等所造成的误差。在地形变化小、地力较均匀、采样单元面积较小的情况下，也可以采用梅花形布点取样，但要避开路边、田埂、沟边、肥堆等特殊部位。每个采样点的取土深度及样量应保持均匀一致，上层与下层的比例要相同，取样器应垂直于地面入土。测微量元素或重金属的应用不锈钢取土器或木制、竹制取土器。

2. 土样制备

某些土壤成分如二价铁、硝态氮、铵态氮等在风干过程中会发生显著变化，必须用新鲜样品进行分析，必须对样品及时进行处理分析。测定其他土壤养分一般用风干样品。

3. 土壤化验

土壤化验就是土壤诊断，只要找县级以上的农业或科研部门的化验室就可以。化验内容的确定应考虑需要和可能两个方面。一般采用 5 项基础化验，即碱解氮、有效磷、速效钾、有机质、pH。这五项之中，碱解氮、有效磷、速效钾是体现土壤肥力的三大标志性营养元素。据大量试验表明，碱解氮的测定值、有效磷的测定值和速效钾的测定值与作物产量有较好的相关性。根据需要可针对性化验中、微量营养元素。土壤化验要及时、准确。化验数据要建立数据库。

（二）　配方确定和配方肥加工、购置

1. 配方确定

配方的确定通常由农业专家和专业的农技人员来完成，不同的地块及种植不同作物，肥料的配方都不一样。在制定配方时，首先要对地块进行采样、分析，明确土壤的养分状况，再根据作物的需肥特性和土壤养分的丰缺情况进行肥料配方制定。已确定的配方应由当地农业技术推广部门或土肥部门负责肥料配制，在配制肥料时，应考虑地块种植的作物品种，产量指标，再根据产量指标的作物需肥量、土壤供肥量和不同肥料的当季利用率，确定肥料的配比和具体施用量。

2. 配方肥加工

配方肥的加工就是依据配方，以各种单质或复混（合）肥料为原料，配制配方肥。加工配方肥目前有两种途径：一是根据配方建议卡自行购买各种单质肥料，简单加工而成；二是以配肥企业按配方加工，农民直接购买成品。我们认为第二种方法较好，这种市场化运作，工厂化生产的模式是最具活力的运作模式。配方肥生产企业要有严密的组织和系列化的服务，要集行业主管部门、教育、科研、推广、肥料企业、农业服务组织于一体，实行统一测土、统一配方、统一供肥、统一技术指导的一条龙体系，为广大农民服务。

3. 按方购肥

按方购肥就是农技推广部门将经过田间验证的作物配方推荐给农民。实际应用中有几种方案：一是农技部门按区域、作物类型提供配方，由农民在农资供应店内进行选择；二是政府部门通过政府招标的形式，统一采购配方肥，供农民使用；三是采用政府购买形式，由农技部门确定作物配方，承担政府购买服务的服务主体在区域内开展配方肥供应、使用及技术指导等服务；四是建立小型配方肥加工企业，形成智能化的配方肥生产基地，从而满足当地农民对配方肥的需求。

(三) 合理施肥

合理施肥是测土配方施肥的关键，就是科学地确定肥料种类、数量、施肥时间和方法。合理施肥的原则是一方面满足作物养分需求，另一方面要保持土壤的可持续利用，确保土壤肥力不下降。因此在实际施肥中，必须坚持有机肥料与无机肥料相结合，大量元素与中量元素、微量元素相结合；坚持基肥与追肥相结合；坚持施肥与其他措施相结合。合理施肥必须根据土壤的类型、肥料的性质、作物的特性和肥料资源等综合因素，确定肥料的用量和肥料的配方后，重点是掌握合理的施肥技术。也就是肥料种类的选择、确定施肥时期和施肥方法等。

1. 基肥

基肥也即底肥，是在进行作物播种或移植前，结合耕地施入土壤中的肥料。基肥一方面为了满足作物在整个生长发育阶段内能获得适量的养分，为作物高产打好基础；另一方面是培育土壤，改良土壤，为作物生长创造良好的土壤条件。特别是对一些生长期较短，生产中不宜追肥的农作物来说，主要依靠施足基肥来补充作物生长所需。

（1）基肥施用原则。一般以有机肥为主，无机肥为辅；长效肥为主，速效肥为辅；氮、磷、钾（或多元素）肥配合施用为主，同时根据土壤的缺素情况，进行个别补充，如生长季节发生缺镁、缺硼的，基肥中就适当补充镁肥、硼肥。

（2）基肥的施用量。基肥的施用量应根据植物的需肥特点与土壤的供肥特性而定，一般占该作物总施肥量的50%左右为宜。质地偏黏的土壤适当多施，偏沙的土壤适当少施。

（3）基肥的施用方法。一是撒施，在土壤翻耕前将肥料均匀地撒于地表，然后翻入土中。如商品有机肥的施用。撒施是基肥施用的常用方法，凡是作物密度较大（如水稻等），作物根系遍布于整个根系，且施肥量又相对较多的地块，均可采用该方法。撒施的肥料必须均匀，防止肥料集结，以免作物生长不平衡。二是沟施，沟施有利于集中、长效供肥，并防止烧根，主要适用于林、果类作物以用种植密度较小的农作物（如马铃薯等）。当基肥数量充足时，最好沟施与撒施相结合，不仅更有利于作物吸收，还能改善土壤团粒结构。另外在水稻、小麦等作物施肥时，可以结合插种机械施基肥，如水稻的侧身施肥等。

2. 种肥

种肥是指在作物播种或移植时施用的肥料。种肥的作用在于：一是满足作物营养临界期对养分的需求，二是满足作物生长初期根系吸收养分能力较弱时的养分需要。

（1）种肥的施用原则。一般以速效肥为主，迟效肥为辅；以酸性或中性肥为主，碱性肥为辅；有机肥要腐烂熟透，未腐烂的不宜作种肥。

（2）种肥用量。根据作物需肥量而定，一般占该作物总施肥量的 5%~10% 为宜。

（3）种肥的施用方法。一是沟施法，即在播种沟内施用肥料的方法。例如小麦，在开沟播种时（先施肥，后播种），将要施入的肥料混合后施入沟中，并把肥土相融，然后再播种覆土，这种肥料一般以施用大量元素为主。二是拌种法（包括浸种、蘸秧根等），当肥料用量少或肥料价格比较昂贵及各种生物制剂、激素肥料均采用此法。拌种法是先将要施入的肥料与填充物充分拌匀后，再与种子相拌，一般随拌随种。三是浸种法，即先将肥料用水溶解配制成很稀的溶液，然后将种子浸入溶液中一段时间（根据作物特性而定）。浸种时要注意的问题主要是溶液的浓度不能过高，浸种时间不能过长，以免伤害种子，影响发芽和出苗。

3. 追肥

追肥是在植物生长期间，根据植物各生长发育阶段对营养元素的需求而补施的肥料。

（1）追肥施用原则。一是看土施肥，即肥沃的土少施轻施，瘦土多施重施；沙土少施轻施，黏土适当多施、重施。二是看苗施肥（看作物苗的长势长相），即苗旺不施，壮苗轻施，弱苗适当多施。三是看作物的生育阶段：苗期少施轻施，营养生长和生殖生长旺盛时多施重施。四是看肥料性质：一般苗期追肥以速效肥为主，营养生长与生殖生长时期以有机、无机配合施用为主。五是看作物种类：播种密度大的作物（如小麦、水稻等）以速效肥为主。

（2）追肥的施用量。一般追肥施用量应占总施肥量 40%~50% 为宜，其中作物生长的旺盛时期应占总施肥量的 50%。

（3）追肥的施用方法。一是撒施法（适用于播种密度大的作物，如水稻等）；二是沟施法，即开沟施用（适用于玉米等作物）；三是环施法，例如在果树周围开一条围沟而施肥；四是根外追肥，指用适当的营养液喷射到叶面。

（四）田间监测

测土配方施肥是一个动态管理的过程，施用配方肥后，既要观察农作物的生长发育，还要看收成结果，从中调查，作出分析。田间观察主要通过形态观察及土壤、植株分析测定进行作物营养诊断。

1. 形态观察

作物缺乏某种元素时，一般在形态上表现特有的症状，即所谓的缺素症，如失绿、现斑、畸形等。由于各种营养元素生理功能不同，缺乏的元素不同，症状出现的部位和形态也不相同，故缺素症常有它的特点和规律。作物的缺素症状在相关文献上都可以检索到，这里不再叙述。

2. 化学诊断

化学诊断是分析作物或土壤的元素含量及预先拟定含量标准比较，或就正常与异常标本进行直接的比较而作出的元素丰缺判断。一般来说，对植株分析的结果最能直接反映作物的营养状况，所以是判断营养丰缺最可靠的依据。土壤分析结果与作物营养状况也有密切的相关性，但因作物营养缺乏除土壤营养元素含量不足外，还因为作物根系的吸收要受外界不良环境的影响，另外，营养元素之间的拮抗作用，有时会出现土壤养分含量与作物生长状况不一致的现象。因此，土壤分析与作物营养状况的相关性就不如作物植株分析的结果接近。

3. 施肥诊断

（1）根外施肥法。根外施肥法即提供某种可能缺乏的营养元素，采用叶面喷、涂、切口浸渍、枝干注射等方法，使作物吸收，并观察作物反应，看症状是否得到改善，并以此作出判断。这类方法主要用于微量元素缺乏症的应急诊断。技术要注意：所用的肥料或试剂是水溶、速效的浓度一般不超过 0.5%，对于铜、锌等毒性较大的元素有时还需要掺入与元素盐类同浓度的生石灰作预防。

（2）抽减试验法。在验证或预测土壤缺乏某种元素时可采用此法。所谓抽减法是在混合肥料基础上，根据所需检测的元素，设置不加（即抽减）待验元素的小区，如果同时检验几种元素时则设置相应数量的小区，每一小区抽减一种元素，另外加设一个不施任何肥料的空白小区。

（3）监测试验。土壤营养元素的监测试验广义上说也是施肥诊断的一种。对一个地区土壤的某些元素的动态变迁，通过选择代表性土壤，设置相应的处理进行长期定点来监测，便可拟定相应的施肥措施。

4. 酶学诊断

近年来生物化学方法——酶测法，也被应用于营养诊断。酶测法就是根据许多营养元素是酶的一部分或活化剂，当作物中缺乏某种元素时，与该元素有关的酶的含量或活性就会发生变化，故测定酶的数量或活性可以判断这种元素的丰缺情况。酶测法具有：

（1）灵敏度高。有些元素在作物体内含量极微，例如钼，常规测定比较困难，而酶测定法能克服此难点。

（2）相关性好。例如碳酸酐酶，它的活性与锌的含量曲线基本上是一致的，有很好的相关性。

（3）酶促反应的变化远远早于植株形态变异，这一点尤其有利于早期诊断或进行潜在性缺乏的诊断。

值得注意的是，人们往往认为作物表现缺素症状时，就是土壤中营养元素不足，作物无法吸收到它必需的元素数量造成的。所以往往通过补施以满足作物对养分的需求，结果造成经济效益大大降低。固然土壤中营养元素不足是引起缺乏症的主要原因，但是其他方面的原因也会引起缺素症，所以不能一概而论。造成作物缺素症还有以下几种原因。

① 在干旱、土壤反应（pH）不适、吸收固定、元素间不协调以及土壤理化性质的不良等条件下，土壤中本身含有这种元素，但作物不能吸收。

② 不良的气候条件，主要是低温的影响。低温一方面减缓土壤养分的转化，另一方面削弱作物对养分的吸收能力。故低温容易促发缺素症状。

③ 由于土壤管理不善造成土壤紧实，温度、水分调节不当等导致作物缺素症的发生。

④ 作物营养元素之间的拮抗作用，引起营养元素的缺素症状。

（五）校正配方

为保证肥料配方的准确性，最大限度地减少配方肥料批量生产和大面积应用中的风险，修订配方是很有必要的。主要是通过在每个施肥分区单元，设置配方施肥、农户习惯施肥、空白施肥3个处理，以当地主要作物及其主栽品种为研究对象，对比配方施肥的增产效果，校验施肥参数，验证并完善肥料配方，改进测土配方施肥技术。另外农户是测土配方施肥的具体应用者，通过每年收集的农户施肥数据并加以分析，评价测土配方的效果和配方技术的准确度，也是反馈和修正肥料配方的基本途径。

（六）测土配方施肥技术推广

测土配方施肥是一项科学的施肥技术，技术要求高，涉及范围广，在实施和推广中要抓好以下几个环节。

1. 制定当地切实可行的配方施肥技术措施

要根据当地的土壤肥力情况和当地有关的技术资料，合理地划定好配方区。进一步根据配方区的资料及当地具体情况，选取并确定适宜的配方施肥具体办法，并制定出具体的技术措施。制定配方时要充分考虑当地农民的生产习惯，要结合农民的现实条件，利用现有的肥料资源，以农民自觉接受为最好。方法选择上应以一种方法为主，技术措施要便于现场指导，同时尽可能地简化配方施肥技术，实行"傻瓜式"施肥方法，使农民朋友一目了然，看了就能做。一般将配方施肥技术的要点制成"配方施肥建议卡"，以利于该项技术的推广应用。

2. 试验、示范、推广相结合

由于农民朋友对新的施肥方式有一个熟悉的过程,因此在抓好宣传的同时,要安排一定的示范样板田,让群众眼见为实。还要不断地开展田间试验,改善施肥技术,优化配方,使配方施肥更加科学、简便、易做、易推广。同时要广泛宣传测土配方施肥在粮食增产、农民增收、农业增效及生态环境保护等方面的积极作用,不断提高广大农业科技人员和农民群众对测土配方施肥重要性的认识,营造测土配方施肥的良好氛围。

3. 搞好技术培训

广泛开展测土配方施肥技术培训,组织专家巡回指导。要组织科技人员进村入户指导、田间地头指导等多种形式,广泛开展以测土配方施肥技术、肥料合理施用方法的技术讲座,普遍提高广大农业科技工作者和农民朋友的技术水平。

4. 加强对测土配方施肥工作的领导和投入

要站在全局和战略的高度,提高对测土配方施肥重要性的认识,切实加强对测土配方施肥工作的领导。职能部门应加大对测土配方施肥的资金投入,使土壤测定技术更加普及。

第三节　基于化肥减量增效的作物测土配方施肥技术

测土配方施肥技术的实施,使我国主要作物的氮磷钾化肥的施用量明显降低。据全国农业技术推广服务中心汇总全国测土配方施肥实施情况的统计分析,测土配方施肥示范区与农民习惯施肥区相比,一般每亩减少不合理施肥 1~2kg(折纯)。其中小麦亩均节氮 1.7kg,节磷 0.5kg;玉米亩均节氮 1.1kg;水稻亩均节氮 1.0kg,节磷 0.2kg,2005—2009 年累计减少不合理施肥 580 万吨。据农业面源污染调查统计,通过测土配方施肥减少氮、磷流失 6%~30%。但要真正实现测土配方施肥技术的减肥增效,必须基于以下技术的配套。

一、强化基础数据与田间试验，真实掌握田间土壤基础肥力数据和作物需肥规律

测土配方施肥的依据就是土壤的供肥性能和作物的需肥规律，只有充分掌握基础数据与技术积累，才能真正实现测土配方施肥技术，达到科学施肥和减肥增效。由于随着土地使用权的二轮承包，农民的种植方式发生了较大改变，每家每户的种植自由度大了，农田管理的方式方法也呈现了多样性，导致田间土壤肥力的不一致性，对技术部门的土壤样本采集提出了难题，往往产生取的土壤样本没有代表性，最后的化验结果不能代表划分单元的土壤供肥能力。这种情况在南方丘陵地区更明显，因为南方的土壤地形地貌、土壤类型复杂，农民承包的田块面积小，每个农户的种植作物不一致，因此产生在一个施肥分区内可能有多种作物、几种土壤类型，若取的土壤样本不能代表所在施肥区的所有土壤，那化验分析的数据很可能只能代表施肥分区内的某个区块的土壤供肥能力，用这样的数据去制订测土配方施肥技术方案，其科学性就要产生怀疑。另外，作物的需肥规律要真正掌握也是一个难题。特别是南方地区，种植作物的类型多，如果要掌握每一种作物的需肥规律，必须在不同的土壤肥力基础上开展多种田间试验，经过科学分析，才能摸索其规律。因此要掌握这么多的作物需肥规律，要完成多少田间试验，其工作者量是很大的。基于这些情况分析，要真实掌握土壤供肥性能和作物需肥规律必须开展扎实的田间调查，找到真正能代表施肥单元的土壤样本，对一些地形复杂，种植多样性的区域，要增加施肥单元，缩减取样面积，只有这样才能取得有代表性的土壤样本，真实掌握土壤的供肥能力。对于作物的需肥规律要采用区域协作的形式，采用分地承担作物的田间试验任务，以各地的主导作物为主开展田间试验，这样就能形成比较规范的田间试验网。

二、要形成地区适应性作物配方，并通过生产企业转化为配方肥，实现"傻瓜式"施肥

配方肥是测土配方施肥技术整建制推进的"最后一公里"，只有

将测土配方施肥技术物化，形成区域适宜的作物配方肥，并广泛施用才能整建制推进测土配方施肥技术，实现作物的科学施肥，达到减肥增效目的。配方肥的关键是配方的准确性，区域的适宜性。配方设计要组织专家，汇总分析土壤测试和田间肥效试验结果，根据气候条件、土壤类型、作物品种、产量水平、耕作制度等差异，合理划分施肥类型区，审核测土配方施肥参数，建立施肥模型，分区域、分作物制定肥料配方。由土肥专家、栽培专家及肥料产销企业代表共同会商，根据生产工艺、原料成本、销售与用肥习惯等因素，最终形成不同区域既符合农业需求又能产业化生产的"大配方"。原则上，磷钾养分配方满足一次性施用，如作物生长期较长或生长后期需磷钾较多可考虑按排一定比例在中后期施用。基肥中氮不足时，通过追施单质氮肥进行补充，做到合理运筹，分期调控。区域配方设计要能最大限度地满足区域内共性的"大配方"，因面积比例较小等原因而未能形成商品配方的施肥单元，根据自身"个性"，用单质肥料进行"小调整"。肥料配方要经过田间试验的校正和大区示范，通过田间试验比较和生产检验，不断调整肥料配方，使肥料配方真正符合土壤的供肥特性和作物需肥规律。

由于目前从事农业生产的群体，其文化素质普遍较低，因此形成的配方通过肥料加工企业生产，形成商品化的配方肥，供适宜区域的农户广泛施用，形成"傻瓜式"施肥模式，这是解决目前测土配方施肥"最后一公里"的有效手段。也是测土配方施肥整建制推进，全作物覆盖的有效模式。生产企业在生产配方肥时要严格按照配方的要求，精选原料，严格配料，产后检测，确保配方肥的质量，使配方肥真正成为农民的放心肥。

在施用配方肥的时候，要合理确定无机肥与有机肥的施用比例。在确定目标产量与肥料需求总量的基础上，根据当地农作物秸秆、绿肥、商品有机肥等有机肥资源与农民习惯确定有机肥施用量。有机肥的推荐用量根据同效当量法确定，做到有机无机相结合。由于有机肥和无机肥的当季利用率不同，通过试验先计算出某种有机肥料所含的养分相当于几个单位的化肥所含养分的肥效，这个系数就叫"同效当量"。例如测定氮的有机无机同效当量，在施用等量磷、钾的基础上，用等量的有机氮和无机氮两个处理，并以不施氮肥为对照，得出产量后，用下列公式计算：

同效当量=（有机氮处理产量-无氮处理产量）/（化学氮处理产量-无氮处理产量）

注重微量元素的因缺补缺。微量元素也是作物必需的营养元素，对作物的作用不可替代。应根据土壤检测结果和作物表现出的缺微症状科学推荐微量元素施用（表2-1）。微量元素施用以基施为主，叶面喷施为辅。

表2-1　土壤有效态微量元素分组指标

元素	极低	低	中等	高	很高	临界值
有效硼（mg/kg）	<0.25	0.25~0.50	0.51~1.00	1.01~2.00	>2.00	0.50
有效钼（mg/kg）	<0.10	0.10~0.15	0.16~0.20	0.21~0.30	>0.30	0.15
有效锰（mg/kg）	<1.0	1.0~2.0	2.1~3.0	3.1~5.0	>5.0	3.0
有效锌（mg/kg）	<0.5	0.5~1.0	1.1~2.0	2.1~5.0	>5.0	0.5
有效铜（mg/kg）	<0.1	0.1~0.2	0.3~1.0	1.1~1.8	>1.8	0.2

（引自《测土配方施肥技术模式》2012）

三、因地制宜地建立各具特色的运行机制和技术服务模式，有效提高入户到位率

整建制推进测土配方施肥，是加快测土配方施肥技术成果转化和应用，促进测土配方施肥技术进村入户，提高测土配方施肥应用效果的最有效举措。如浙江省结合实际，在实践中以农民专业合作社为主体，依托专业合作社的带动作用，形成了浙江特色的整建制推进模式，即"农业部门+专业合作社+农民"的模式。该模式着眼于浙江省是全国农民专业合作社发展起步较早的省份，仅至2010年年底，就有种植业专业合作社11843家，社员78.7万人，带动了375.9万名农民，拥有核心示范基地370.8万亩，连接基地999.1万亩，占浙江省耕地面积的50%左右。浙江省从2006年开始实施测土配方施肥服务农民专业合作社的"百社万户"活动，2007年扩大规模，提升为"千万工程"，即组织1000个服务能力较强的合作社，

为 10 万个社员提供测土配方施肥指导服务，带动 100 万名农户运用测土配方施肥技术。2007 年以来，该项模式不断深化、不断拓展，使测土配方施肥技术服务领域不断扩大，测土配方施肥覆盖率不断上升。

（一）"农业部门+专业合作社+农民"的模式内容和特点

围绕测土配方施肥"测土、配方、配肥、供肥、施肥指导"五个环节和九项重点工作，模式推广重点突出测土、配肥、技术指导三大环节，促进全程服务效能的提高。

一是强调测土的重要性。农业部门针对各合用社的土壤环境和生产现状，合理布设采样点，开展土壤样品采集和分析化验，达到个性化服务的要求。

二是突出配肥的有效性。组织专家，按照合作社种植作物、种植模式、土壤养分状况，制定施肥建议卡并及时送到合作社农户手中，同时，根据社员实际需求，完善配方肥生产、配送体系，组织合作社开展统配统供服务。

三是强化配方肥的应用。在分析测试、试验示范的基础上，在合作社基地上强化配方肥应用。如富阳区通过政府补助，全区实现了水稻、油菜配方肥施用的全覆盖，经济作物上通过政府购买服务，配方肥施用量占全区经济作物用肥量的 50%以上。

四是保证技术指导的及时性。针对不同的生产季节，农技部门进社入户，开展技术培训，采取现场诊断、现场指导等多种形式工，及时为合作社提供技术指导，提升广大社员应用测土配方施肥的能力，实现了全省合作社测土配方施肥技术培训率的 100%。如杭州市富阳区半山水果专业合作社，针对桃子生产季节，多次对桃农进行面对面的桃树测土配方施肥辅导，提高桃农的科学施肥水平。

（二）"农业部门+专业合作社+农民"模式的组织方式

1. 立足创新，模式多样

通过农技部门与农民专业合作社的相互配合和共同协作，以"土肥技术部门+专业合作社+农民"为主要模式实施测土配方施肥服务的新机制，同时各地积极探索，因地因社总结出"测土、试验示

范、施肥指导""测土、试验示范、施肥指导、专用肥供应"和
"主导农产品+公司+基地+农民"等一批有效服务模式。

2. 优势互补，技术深化

通过"千万工程"的实施，创建了一批"统一测土配方施肥档
案、实行统配统供配方肥"的示范合作社，促进了开展测土配方施
肥合作社参与数量、服务质量的突破。

3. 试点示范，提升管理

在为农民专业合作社提供测土配方施肥指导服务的同时，开展
试点示范，提升管理水平。

（三）"农业部门+专业合作社+农民"模式的工作机制

1. 坚持政府引导

为提高组织化程度，农民专业合作社是在不改变家庭承包经营
基础上，由生产经营同类产品的农民自愿联合的互助性经济组织。
合作社这种组织和制度上的巨大优势，使得农民专业合作社成为适
用农业技术大规模推广的有效载体。同时通过组织开展实施测土配
方施肥技术，可实现农民专业合作社服务叠加和功能外延。通过政
府项目补助、扶持建设一批规范性实施测土配方施肥的专业合作社，
树立典型。另外通过成立相应的"千万工程"领导小组和实施小组，
分别负责农民专业合作社测土配方施肥工作的组织、协调、监督检
查和技术指导。

2. 坚持部门协作与配合

实施"千万工程"涉及经营管理、生产技术和肥料生产、经销
企业等各个部门和相关行业，只有各部门紧密配合、才能确保工作
的顺利实施。在农业系统内部，要强化土肥、农经、栽培及产业等
部门的配合，农经部门要将测土配方施肥工作纳入农民专业合作社
发展壮大和年度工作考核的重要内容，积极组织发动合作社参与测
土配方施肥活动；农技部门加强对农民专业合作社的技术培训和指
导，积极搭建肥料生产、经销企业参与"千万工程"实施的平台，
为合作社提供有效服务，形成共同推进的合力。部门之间的协作配

合，为测土配方施肥技术的实施提供了有利条件。

3. 坚持与合作社自身发展相组合

当前大多数的农民专业合作社均以当地主导产业或品牌农产品为主体发展生产，合作社为社员提供技术支撑，既是农民专业合作社自身发展的需要，也是紧密合作社与社员关系的纽带。测土配方施肥作为一项先进的科学技术成果，其推广应用不仅有利于提高合作社的种植水平，改善产品质量，而且通过测土配方施肥和统配统供的运行机制，有利于进一步紧密农技部门与农民专业合作社与社员的关系。一大批合作社实施测土配方施肥的成功典范，既提高了合作社参与测土配方施肥的积极性，扩大了影响，也有力地带动了周边农户测土配方施肥技术的普及应用。

4. 坚持联合倡议促普及

为拓展测土配方施肥技术在农民专业合作社里的深化普及，选择一批知名度高的农民专业合作社联合向全省所有种植行业和农民专业合作社发出应用测土配方施肥技术倡议书，从而普及测土配方施肥技术落后，树立科学施肥的观念，积极施用配方肥，建立配方肥统购统供机制。

第三章　有机肥使用与化肥减量施用增效

第一节　主要有机肥的种类及使用技术

有机肥俗称农家肥，是指含有有机物质，既能提供农作物多种无机养分和有机养分，又能培肥改良土壤的一类肥料，其中大部分为农家就地取材，自行积造的。现代研究表明，有机肥料不仅含 N、P、K、Ca、Mg、S、B、Fe、Mo、Zn 等农作物所必需的营养元素，还含有能被作物吸收利用的各种氨基酸等有机营养，促进作物生长的维生素和生物活性物质（活性酶、糖类等），以及多种有益微生物（固氮菌、氨化菌、纤维素分解菌、硝化菌等），是养分最全的天然复合肥料。有机肥料来源广泛，种类繁多。1990 年农业部开展全国有机肥料调查研究，按性质功能和积制方法主要分为粪尿肥、堆沤肥、秸秆肥、绿肥、土杂肥、饼肥、海肥、泥碳、农用城镇废弃物、沼气肥等分为 10 大类 433 个品种。

一、粪尿肥

粪尿是人和动物的排泄物，它含有丰富的有机质、氮、磷、钾、钙、镁、硫、铁等作物需要的营养元素，及有机酸、脂肪、蛋白质及其分解物，包括：人粪尿、家禽粪尿、家禽粪及其他动物粪肥等。

（一）人粪尿

1. 主要成分

人粪尿是人粪和人尿的混合物，分布广、数量大、养分含量较高，而有机物的含量较某些有机肥料较低，碳氮比小、易腐熟。鲜人粪尿中养分平均含量为：全氮（N）0.64%，全磷（P）0.11%，全钾（K）0.19%，水分90.25%，粗有机物4.80%，C/N3.43，pH7.79；各微量元素的平均含量为：铜4.99mg/kg、锌21.24mg/kg、铁294.48mg/kg、锰46.05mg/kg、硼0.70mg/kg、钼0.33mg/kg；钙、镁、氯、钠、硫、硅含量平均为：0.25mg/kg、0.07mg/kg、0.18mg/kg、0.16mg/kg、0.04mg/kg、0.25mg/kg。

成年人的人粪年平均排出量为113.7 kg，其成分因饮食结构而异，主要成分为纤维素、半纤维素、蛋白质、氨基酸、酶、粪胆质、色素及少量臭味物质，矿物质主要是硅酸盐、磷酸盐、氯化物及钙、镁、钾、钠等盐类。另外还含有病菌和寄生虫卵等不利物质。人粪的酸碱性与食物结构有关，食物中含蛋白质多时呈酸性，一般呈中性。由于人粪中的养分主要是有机态，故养分须经腐熟分解后才能释放出来。鲜人粪中养分平均含量为：全氮（N）1.16%，全磷（P）0.26%，全钾（K）0.30%，水分80.7%，粗有机物15.20%，C/N 8.06，pH值为6.8~7.2；微量元素含量比较丰富，其中，铜13.41mg/kg、锌66.95mg/kg、铁489.10mg/kg、锰72.01mg/kg、硼0.90mg/kg、钼0.60mg/kg；钙、镁、氯、钠、硫、硅含量平均为：0.30mg/kg、0.13mg/kg、0.16mg/kg、0.20mg/kg、0.11mg/kg、0.28mg/kg。

人尿是食物经过消化、吸收和新陈代谢所产生的废液。新鲜人尿呈弱酸性，贮存后呈微碱性。成年人的年排尿量平均为579.3 kg。新鲜人尿由95%左右的水分和5%左右的水溶性有机物和无机盐类组成，氮主要以尿素态存在，尿素态氮占尿全氮的87%，铵态氮占4.3%，分解较慢的其他形式的氮占8%左右。鲜人尿中养分平均含量为：全氮（N）0.53%，全磷（P）0.04%，全钾（K）0.14%，水分96.98%，粗有机物1.22%，pH值8.0~8.3；各种微量元素的含量为：铜0.2mg/kg、锌4.27mg/kg、铁30.43mg/kg、锰2.89mg/kg、硼

0.44mg/kg、钼 0.08mg/kg；钙、镁、氯、钠、硫、硅含量平均为：0.10mg/kg、 0.03mg/kg、 0.20mg/kg、 0.23mg/kg、 0.04mg/kg、0.21mg/kg。

2. 积存与施用

人粪尿中的有机氮易分解成氨挥发。且随着气温的增高，损失量加大。此外还有很多病菌、寄生虫等不利因素。因此，合理贮存、适当的防病虫害卫生处理是合理利用人粪尿的关键。一般北方采用拌土制成土粪或堆肥的方法积存；南方采用粪尿混存的方法，在粪坑（池）中制成水粪。

人粪尿属速效性肥料，可用作种肥、基肥和追肥。一般作追肥，制成堆肥后多作为基肥。人粪尿、秸秆和土混合堆制的肥料多作基肥；单独贮存的人粪尿对 3~5 倍的水或加适量化肥追施；作种肥时，宜用鲜尿浸种，浸种时间以 2~3h 为宜。

人粪尿积存和施用过程中应注意：

① 不可用人粪尿晒制粪干；

② 熟人粪尿不能与草木灰等碱性物质混存；

③ 人粪尿中带有各种传染病菌和寄生虫卵，需经发酵或药剂处理后才能使用；

④ 人粪尿中的盐分和氯离子含量较高，不适宜在忌氯作物上过多施用，会降低块茎、块根中淀粉和糖的含量，影响烟草的燃烧性，不宜在干旱、排水不畅的盐碱土上一次性大量施用。

（二）家畜粪尿

家畜粪尿是猪、牛、羊等的排泄物。含有丰富的有机质和作物所需的营养元素。各种家畜粪尿的成分和性质因家畜种类、大小和饲料的不同存在差异。家畜粪富含氮、磷，其中羊粪中氮、磷含量最多，猪马次之，牛粪较少；家畜尿富含氮、钾，一般呈碱性反应。

1. 猪粪尿

猪粪尿是猪粪和猪尿的混合物。一般猪的年排泄量为 3419 kg，以小猪到大猪的生长周期 8 个月计算，一头猪的平均排泄量为 2280 kg。

鲜猪粪尿中养分平均含量为：全氮（N）0.24%，全磷（P）0.07%，全钾（K）0.17%，水分85.36%，粗有机物3.75%，C/N 8.08，灰分2.43%；各微量元素的平均含量为：铜6.97mg/kg、锌20.08mg/kg、铁700.21mg/kg、锰72.81mg/kg、硼1.42mg/kg、钼0.20mg/kg；钙、镁、氯、钠、硫、硅含量平均为：0.30mg/kg、0.10mg/kg、0.06mg/kg、0.06mg/kg、0.07mg/kg、4.02mg/kg。

猪粪尿容易腐熟，腐熟过程中形成大量腐殖质和蜡质，且高于其他粪肥（表3-1），再加上其他离子交接量较高，施入土壤后能增加保水、保肥的性能，蜡质对抗旱保墒也有一定的作用。

表 3-1　腐熟有机家畜肥的有机组成（占 C%）

种类	蜡质	总腐殖质	胡敏酸	富里酸	阳离子交换量（cmol/kg）
猪粪	11.41	25.98	10.22	15.78	468~494
羊粪	1.38	24.79	7.45	17.25	438~441
马粪	6.05	23.80	9.05	14.74	380~394
牛粪	8.00	23.60	13.95	9.88	402~423

（引自《中国有机肥料资源》1999）

（1）猪粪。猪粪的主要成分是纤维素、半纤维素、而木质素较少，此外还含有蛋白质及其分解产物、脂肪类、有机酸和各种无机盐，以及较多的氨化微生物。

鲜猪粪养分平均含量为：全氮（N）0.55%，全磷（P）0.24%，是粪尿中全磷中全磷含量较高的一类品种，全钾（K）0.29%，水分68.74%，粗有机物18.28%，C/N20.99，灰分9.8%；各微量元素的平均含量为：铜9.84mg/kg、锌34.43mg/kg、铁1758.30mg/kg、锰116.0mg/kg、硼2.9mg/kg、钼0.24mg/kg；钙、镁、氯、钠、硫、硅含量平均为：0.49mg/kg、0.22mg/kg、0.07mg/kg、0.08mg/kg、0.10mg/kg、5.02mg/kg。按全国有机肥品质标准，猪粪属于二级。

（2）猪尿。猪尿的成分多属水溶性，主要是尿素、尿酸、马尿酸及含磷、钾、钠、钙、镁等元素的无机盐类。其中尿素态氮和铵态氮约占全氮的30%，马尿酸和尿酸态氮占13%左右。猪尿中养分含量因饲养条件不同含量各异。

鲜猪尿养分平均含量为：全氮（N）0.17%，全磷（P）0.02%，较其他畜尿低，全钾（K）0.16%，水分97.5%，粗有机物0.79%，pH值多在7.8~8.1；各微量元素的平均含量为：铜0.66mg/kg、锌0.37mg/kg、铁2.68mg/kg、锰0.40mg/kg、硼0.34mg/kg、钼0.09mg/kg。

（3）积存与施用。猪粪尿积存过程中，各种成分在微生物的作用下转化成的磷酸或磷酸盐、铵盐或硝酸盐等极易挥发或流失，合理积存是防止养分损失的关键，常见的积存方法：

垫圈积存：北方常采用干土或草碳垫圈，南方多以褥草垫圈，但褥草吸收性缓慢，肥分损失较大。

圈外积存：将圈内粪肥清扫到圈外紧密堆积，内部保持湿润，外层糊封泥土，即可保肥。

粪池（坑）积存：猪圈与厕所相连，用水将猪粪冲入粪池积存，多见于我国农村。

猪粪积存过程中应注意：

① 用土作垫料时，粪土比以1:3~4为宜；

② 提倡圈内积肥与圈外积肥相结合，勤起勤垫，既有利于猪的健康，又有利于养分腐解；

③草木灰不要倒入圈内，否则引起氨的挥发损失。

猪粪尿适用于各种土壤和作物，有较好改土增产效果，可作基肥、追肥。一般作追肥，追肥量视作物而定，将腐熟的猪粪尿中加3~5倍的水作追肥用，也可考虑作物加入适量的化学氮肥穴施。腐熟的猪粪尿可追肥、基肥。

2. 牛粪尿

牛的排泄量因品种、年龄、体重、饲养条件等不同而存在差异。一般牛的年均排泄量为8730 kg，是猪年排泄量的3.8倍。牛粪尿的成分与猪粪尿相似，牛的排泄量在家畜中最多，但其养分含量在各种主要家畜中最低。

牛粪尿的养分平均含量为：粗有机物7.8%、全氮（N）0.35%、全磷（P）0.08%、全钾（K）0.42%、钙0.40%、镁0.10%、硫

0.07%、水分79.5%。

（1）牛粪。牛粪的有机质和养分含量在各种主要家畜中最低。牛是反刍动物，饲料经反复咀嚼，使牛粪质地细密，加之饮水量大，粪中较多水分影响了空气流通，牛粪分解腐熟慢，是发热最小的冷性肥料。

鲜牛粪养分平均含量为：全氮（N）0.38%、全磷（P）0.10%、全钾（K）0.23%、水分75.04%、粗有机物14.94%、C/N 23.2、灰分7.14%、pH值多在7.9~8.0；各微量元素的平均含量为：铜5.70mg/kg、锌22.61mg/kg、铁942.69mg/kg、锰139.31mg/kg、硼3.17mg/kg、钼0.26mg/kg；钙、镁、氯、钠、硫、硅含量平均为：0.43mg/kg、　0.11mg/kg、　0.07mg/kg、　0.04mg/kg、　0.07mg/kg、3.66mg/kg。按全国有机肥品质标准，猪粪属于三级。

（2）牛尿。牛尿中尿素态氮与猪尿接近，但马尿酸态氮含量高（22%）。因此牛尿分解慢。

鲜牛尿养分平均含量为：全氮（N）0.50%、全磷（P）0.02%、全钾（K）0.91%，是粪尿中含钾量较高的品种，水分94.37%、粗有机物2.86%、C/N3.91；各微量元素的平均含量为：铜0.29mg/kg、锌1.00mg/kg、铁27.02mg/kg、锰2.72mg/kg、硼3.78mg/kg、钼0.06mg/kg；钙、镁、钠、硫含量平均分别为：0.06mg/kg、0.05mg/kg、0.06mg/kg、0.04mg/kg。

（3）牛粪尿的积存与施用。牛粪尿的积存通常有圈外集肥、冲圈集肥两种方法。

圈外集肥法。在牛圈（栏）垫以秸秆、青草、泥炭、干土，吸收尿液，定期将粪尿与垫料一起运至圈外地势高的平地上堆积保存。由于牛粪性冷，加上羊粪等热性肥料，促进腐熟。外层抹以7 cm左右厚的泥土，防止养分流失。也可加入过磷酸钙以增磷保氮。

冲圈集肥法。在大型养牛场，每日用水冲粪尿入粪池，制成水肥，或流入沼气池制成发酵肥。

3. 羊粪尿

羊的排泄量较其他家畜少，一般年排泄量为632.0 kg粪尿之比为3:1。

（1）羊粪。羊是反刍动物，对饲料的咀嚼比牛更细，再加上饮水少，其粪质细密干燥，发热量比牛粪大，亦属于热性肥料。羊粪的成分与其他畜粪相似，但较其他畜粪浓厚，氮的形态主要是尿素态。

鲜羊粪养分平均含量为：全氮（N）1.01%、全磷（P）0.22%、全钾（K）0.53%、水分50.75%、粗有机物32.30%、C/N16.6、灰分12.68%、pH值为多在8.0~8.2；各微量元素的平均含量为：铜14.24mg/kg、锌51.74mg/kg、铁2581.28mg/kg、锰268.36mg/kg、硼10.33mg/kg、钼0.59mg/kg；钙、镁、氯、钠、硫、硅含量平均为：1.30mg/kg、0.25mg/kg、0.09mg/kg、0.06mg/kg、0.15mg/kg、4.86mg/kg。按全国有机肥品质标准，猪粪属于二级。

（2）羊尿。羊尿中氮素的形态主要是尿素态氮，占全氮的55%，容易分解；另外其马尿酸态氮的含量也在33%左右，分解缓慢，同时羊尿中钾的含量也较其他牲畜高，因此羊尿是速、迟效兼备的肥料。

鲜羊尿养分平均含量为：全氮（N）0.59%、全磷（P）0.02%、全钾（K）0.70%、水分95.20%、pH值为8.1~8.7，粗有机物2.59%、C/N 2.61；各微量元素的平均含量为：铜10.70mg/kg、锌60.90mg/kg、铁1664.29mg/kg、锰187.82mg/kg。

（3）羊粪尿积存与施用。羊粪尿的积存方法主要有圈内积肥和卧地积肥两种。

圈内积肥。羊群除放牧外，大部分时间在圈内饲养，为保证羊群健康，提高羊毛质量，要求圈内整洁。用细而干的麦秸、草炭或干细土作垫料，垫料以及羊吃存的各种秸秆、杂草吸收保存尿液。垫圈原则为"勤垫薄扬，湿一块、垫一块"，圈内积存的羊粪尿同垫料一起经过一段时间后取出疏松堆积，短期腐熟后即可施用。

卧地积肥。放牧羊群回圈之前，先把羊群赶至白地集中排泄粪尿，或让羊群在地里过夜，就地排泄粪尿，这种方法叫卧地积肥。卧地处应及时翻耕，减少养分损失。

羊粪尿适用于各种土壤和各种作物，可作基肥和追肥。施用时注意事项同其他家畜粪尿。

4. 兔粪尿

兔是以食草为主的杂食动物，饲料质量好，排泄物养分含量较高，家兔的每天排泄量为 0.159kg。

（1）兔粪。兔粪中的养分含量较高，氮、钾、水分的含量比较低，C/N 比小，易腐熟并产生高温，属热性肥料。

鲜兔粪中养分平均含量为：粗有机物 24.61%、全氮（N）0.87%、全磷（P）0.30%、全钾（K）0.65%、水分 57.38%、C/N19.1、灰分 11.31%、pH 值 7.9~8.1；各微量元素的平均含量为：铜 17.29mg/kg、锌 48.80mg/kg、铁 2390.82mg/kg、锰 149.91mg/kg、硼 9.33mg/kg、钼 0.75mg/kg；钙、镁、氯、钠、硫、硅含量分别为：1.06mg/kg、0.26mg/kg、0.18mg/kg、0.17mg/kg、0.17mg/kg、6.00mg/kg。按全国有机肥品质标准，兔粪属于二级。

（2）兔尿。兔尿中养分含量正好与兔粪相反，氮含量低，磷、钾含量高。

（3）兔粪尿积存与施用。兔粪、兔尿主要养分含量互补，所以两者的混合物养分均衡，属优质肥料。

兔是产毛皮的动物，窝内需要保持卫生，而兔粪尿又积在窝内。因此，应经常在窝内垫干细土，并定期将粪尿及垫料清出。兔粪尿可以单独保存，也可与其他畜禽粪混合制成厩肥或堆肥。也有的地方将兔粪放在加水的缸内密封 15d 左右，让其自然发酵，制成兔粪液作叶面肥用。一般每公顷喷施量为：小麦孕穗期用粪液 37.5 kg，加水 112.5 kg，扬花期用粪液 225.0kg，加水 3300.0 kg，灌浆期用粪液 300.0kg，加水 4500.0kg。

兔粪适用于各种土壤、作物，腐熟的兔粪一般作追肥，与其他圈肥掺和也可用作基肥。

（三）家禽粪

家禽是鸡粪、鸭粪、鹅粪、鸽粪等家禽粪的总称。禽粪尿为混合排出，不能分存，其养分含量因类别、品种、饮料条件不同存在差异，平均水平较家畜粪尿高，且比例较为均衡。

1. 鸡粪

鸡饮水少，饮食以谷物、小虫为主，肥分浓厚，养分含量高于其他畜粪。一只鸡每日平均排泄量为 0.071kg。

鲜鸡粪中养分平均含量为：粗有机物 23.77%、全氮（N）1.03%、全磷（P）0.41%、全钾（K）0.72%、水分 52.30%、C/N14.03、pH 值多在 7.7~7.9；各微量元素的平均含量为：铜14.38mg/kg、锌 65.92mg/kg、铁 3540.01mg/kg、锰 164.01mg/kg、硼 5.41mg/kg、钼 0.51mg/kg；钙、镁、氯、钠、硫平均含量分别为：1.35mg/kg、0.26mg/kg、0.13mg/kg、0.17mg/kg、0.16mg/kg。按全国有机肥品质标准，兔粪属于二级。

鸡粪中尿素态的氮易分解，且随着水分的增加，氮素损失较高，而堆腐时易起热，又可造成氮素挥发，属热性肥料。所以鸡粪的积存以干燥存放为宜，脸皮子放时加适量的过磷酸钙可起到保肥的作用。直接施用鸡粪易招地下害虫，同时其尿素态的氮也不能被作物直接吸收。因此，鸡粪应在施用前沤制。其方法有加土沤制、加秸秆沤制和液肥沤制。

加土沤制。将鸡粪与土按 10 cm 厚一层鸡粪、7~8 cm 厚一层土的间隔堆积于深 1 m 左右的水泥池中，夯实，上层覆盖秸秆或搭棚以防雨、防晒。沤制一个月即可。

加秸秆沤制。将鸡粪与秸秆以 1:4 的比例，按高温堆肥的方法层层堆放，上层加 7~10 cm 左右厚的干土覆盖。

液肥沤制。将鸡粪与水以 1:9 的比例，冲入不漏水并加盖的池中，加入 3%~4% 的过磷酸钙沤制。

鸡粪适用于各种土壤和作物，不仅能增加产量，也可提高作物品质。因其分解快，宜作追肥，也可与其他厩肥混合作基肥施用。为防止鸡粪中较多的尿酸毒害幼苗，施用量不易超过 30 000 kg/公顷。

2. 鸭粪

鸭粪养分含量略低于鸡粪，一只鸭每日平均排泄量为 0.132kg。

鲜鸭粪中养分平均含量为：粗有机物 20.22%、全氮（N）0.71%、全磷（P）0.36%、全钾（K）0.55%、水分 51.08%、C/

N17.9、pH 值多在 7.7~7.9；各微量元素的平均含量为：铜 15.73mg/kg、锌 62.32mg/kg、铁 4518.84mg/kg、锰 3743.96mg/kg、硼 12.99mg/kg、钼 0.37mg/kg；钙、镁、氯、钠、硫平均含量分别为：2.90mg/kg、0.24mg/kg、0.08mg/kg、0.19mg/kg、0.15mg/kg，其中铁、锰、硼、钙的含量居粪尿类之首。按全国有机肥品质标准，鸭粪属于二级。

圈养鸭鸭粪的收集方法是，用细干土或碎干草炭垫圈，定期清扫，于阴凉干燥处堆存沤制。稻田放养的鸭，鸭粪直接肥田，另外鸭还可以啄食稻田中的害虫和水生生物。

3. 鹅粪

鹅主要以青菜、水草为食，粪便中养分含量较其他禽粪少，一只鹅每日平均排泄量为 0.194kg。

鲜鹅粪中养分平均含量为：粗有机物 18.46%、全氮（N）0.54%、全磷（P）0.22%、全钾（K）0.52%、水分 61.67%、C/N19.66、pH 值多在 7.7~8.0；各微量元素的平均含量为：铜 14.20mg/kg、锌 48.44mg/kg、铁 3343.25mg/kg、锰 173.01mg/kg、硼 10.60mg/kg、钼 0.32mg/kg；钙、镁、氯、钠、硫平均含量分别为：0.73mg/kg、0.20mg/kg、0.05mg/kg、0.22mg/kg、0.12mg/kg。按全国有机肥品质标准，鹅粪属于二级。

4. 鸽粪

鸽主要以粮食为食，饮水少，粪便养分含量较其他禽粪高。年排泄量为 2~3kg。

鲜鸽粪中养分平均含量为：粗有机物 29.89%、全氮（N）2.48%、全磷（P）0.72%、全钾（K）1.02%、水分 45.40%、C/N10.29、pH 值 6.6~7.4；各种微量元素的平均含量为：铜 14.86mg/kg、锌 212.43mg/kg、铁 2364.43mg/kg、锰 273.08mg/kg、钼 0.67mg/kg。鸽粪中全氮、全钾含量分别是鸡粪的 2.4 倍和 1.8 倍，氮、磷、钾含量属粪尿类之首。按全国有机肥品质标准，鸽粪属于二级。

鸽粪适用各种作物与土壤，可与其他畜、禽粪尿混合堆沤，作基肥、追肥用。

（四）其他动物粪尿

我国动物资源丰富，除前面提到的人粪尿、家畜粪尿、禽粪外，蚕沙、蚯蚓等也是优良的有机肥料。

鲜蚕沙中养分平均含量为：粗有机物 32.18%、全氮（N）1.18%、全磷（P）0.15%、全钾（K）0.97%、水分 55.94%、C/N17.89、pH 值多在 8.0~8.2；各种微量元素的平均含量为：铜 7.42mg/kg、锌 15.96mg/kg、铁 431.79mg/kg、锰 63.28mg/kg、硼 7.05mg/kg、钼 0.23mg/kg；钙、镁、氯、钠、硫、硅平均含量分别为：1.71%、0.40%、0.14%g、0.10%、0.11%、1.74%。其中，氮、钾含量较高，仅次于鸽粪，氮素中不能被作物直接吸收利用的尿酸态氮含量较高。腐熟时产生高温，属热性肥料。

定期清扫的蚕沙可晒干后贮存于干燥处，为防止氮素损失，贮存时应压紧并加入约蚕沙数量 3% 的过磷酸钙。

蚕沙适用于各种土壤、各种作物，一般与人粪尿一起堆沤发酵，作鸽肥、基肥用。

二、堆沤肥

堆沤肥包括厩肥、堆肥和沤肥，是农业生产上的重要有机肥源。

（一）厩肥

厩肥是牲畜粪尿与填料混合堆沤腐解而成的有机肥料。北方称为"圈肥"，南方称为栏肥。同时，因填圈材料不同，以土为主填圈的称为"土粪"，以秸秆或青草为主要垫料的称为"草粪"，土粪的肥分低于草粪。

1. 厩肥的积制方法

厩肥一般有两种积制方法，即圈内堆沤腐解法，圈外堆沤腐解法。

（1）圈内堆沤腐解法。一般适用于养猪积肥，形式上主要有北方、南方两种。南方农村多采用平地圈形式，圈地与地面平齐，垫料以秸秆、杂草为主，猪粪尿与垫料经猪的踩踏混合、压紧、发酵，当下层肥料呈现半腐熟、腐熟状态后，即可施用于稻田。也可作堆沤肥的原料。北方农村猪舍构造通常分为一台到坑两部分，台上供猪休息，坑内则是运动、排泄、积粪的场所，坑内分期加入垫料，垫料以干细土为主，秸秆、青草、垃圾为辅。猪粪尿与垫料经猪的踩踏混合、压紧，进行嫌气分解，当下层肥料腐熟时，即可起出，圈外再堆集一定时间，待全部腐熟后捣碎备用。

（2）圈外堆沤腐解。一般适用于牲畜以及猪栏粪、羊圈粪、兔窝粪的积肥方式。垫料以秸秆、杂草为主，待垫料吸足尿液后及时清出至平地堆沤腐解。堆集方法按堆集的松紧程度分为：疏松堆集、紧密堆集、疏松与紧密交替堆集。

紧密堆集。将粪尿与垫料的混合物层层堆积、压紧，为防养分流失，外层用泥土封严，堆积厚度为1.5~2.0 m。堆内肥料在嫌气条件下分解，2~4个月可达半腐熟状况，堆集6个月以上可完全腐熟。

疏松堆集。将粪尿与垫料的混合物层层疏松堆积，堆积高度为1.5~2.0 m。堆内肥料在好气条件下分解，肥料腐熟可在短期内完成，但此种方法有机质和氮素损失较大。

疏松与紧密交替堆积。将粪尿与垫料的混合物层层疏松堆积，堆内肥料在好气条件下分解。一般2~3 d后，堆内温度可达50~70℃，待温度回落到50℃以下时，踏实压紧，堆内肥料由好气分解转为嫌气分解。堆上继续覆盖新出厩肥，肥堆上部有机质分解依然在好气状况下进行。如此往复至肥料堆至1.5~2.0 m的高度时，堆外封泥，1.5~2.0个月可达半腐熟状态，4~5个月可完全腐熟。

2. 厩肥腐熟特征

厩肥腐熟过程一般经历生粪、半腐熟、腐熟三个阶段。生粪是未分解的粪尿及垫料的混合物；半腐熟是指粪尿及垫料组织变软、霉味散发，粪呈棕色时的状态；腐熟是指粪尿及垫料呈"黑、烂、臭"时的状态。

3. 厩肥的施用

厩肥的腐熟程度决定肥料的性质与养分含量，腐熟程度较差的厩肥可作基肥，宜作追肥和种肥；半腐熟厩肥适用于用作生长周期较长的作物之播前底肥；完全腐熟的厩肥基本上是速效性的，可作追肥和种肥。相对土壤而言，半腐熟的厩肥深施于沙质土壤上，完全腐熟的厩肥宜施在黏质土壤上。

4. 厩肥的各类

厩肥在我国各地分布广泛，是有机肥中提供养分最多的肥源。根据粪尿的类别，又可将厩肥分为不同的类型。

（1）猪圈肥。猪圈肥是猪粪尿加垫料积制而成的肥料，猪粪尿较其他家畜资源丰富，且富含有机质和多种营养元素。因此，猪圈肥积制数量大，养分含量丰富。另外，猪圈肥中丝氨酸、丙氨酸、胱氨酸的含量均比较高，是作物良好的有机氮源，也是我国农村广泛积制的有机肥源。

由于猪粪尿、垫料养分差异及积肥方式不同。猪圈肥的养分含量变化较大。据 11 个省（自治区）分析测定，鲜猪圈粪平均养分含量为：粗有机物 16.99%、全氮（N）0.38%、全磷（P）0.16%、全钾（K）0.30%、C/N19.57、pH 值多在 8.0~8.1，各种微量元素的平均含量为：铜 11.70mg/kg、锌 35.59mg/kg、铁 4528.30mg/kg、锰 196.67mg/kg、硼 4.34mg/kg、钼 0.25mg/kg；钙、镁、硫、硅平均含量分别为：0.78%、0.20%、0.12%g、9.95%。按照全国有机肥品质分级标准，猪圈肥属三级。

猪圈肥是一种富含有机质和多种营养元素的完全肥料，适用于各种土壤和各类作物，改土、增产效果均好。一般作追肥和基肥，基肥每公顷用量 3 万~4.5 万 kg。对于生长期短的早熟作物，应施用腐熟程度高的猪圈肥、否则易出现肥料与细菌争水、争肥的矛盾；对于晚熟作物或越冬作物，可使用腐熟程度较低的猪圈肥，延长肥效作用的时间。

（2）牛栏粪。牛粪尿加褥草积制而成的肥料叫牛栏粪，也叫牛圈肥。牛栏粪中速效氮含量占全氮含量的 7% 左右，天冬氨酸、丝氨酸、谷氨酸、胱氨酸等含量较高，是作物良好的有机氮源。

鲜牛栏粪平均养分含量为：粗有机物 16.22%、全氮（N）0.50%、全磷（P）0.13%、全钾（K）0.72%、C/N19.18、pH 值多在 8.2~8.5，各种微量元素的平均含量为：铜 9.36mg/kg、锌 36.16mg/kg、铁 4388.32mg/kg、锰 230.14mg/kg、硼 4.83mg/kg、钼 0.27mg/kg；钙、镁、硫、硅平均含量分别为：0.62%、0.17%、0.10%g、

9.02%。按照全国有机肥品质分级标准，牛栏粪属三级。

牛栏粪一般采用圈外积肥法，将牛粪尿及垫圈材料运到地势较高的地方集中堆集。因牛粪尿肥效迟缓，堆积时，加入部分羊粪等热性肥料，促进腐熟。同时为了防止养分流失，还应在堆外部抹7cm左右厚的泥土，也可以向鲜牛粪中添加黄豆浆，快速积制牛粪，每100kg牛粪加入豆浆2.5kg，置于缸内搅匀，在不低于25℃气温下密封6d左右，对3~4倍的水可作追肥用，肥效高于等量的氨水。

堆制好的牛粪适用于各种土壤与作物，一般作基肥，每公顷施用量4.5万kg左右。

（3）羊圈肥。羊粪尿与垫圈材料积制的肥料叫羊圈肥。羊圈粪肥分浓厚，其氮、磷、钾及微量元素在厩肥中属养分含量较高的品种之一。

鲜羊圈肥平均养分含量为：粗有机物27.94%、全氮（N）0.78%、全磷（P）0.15%、全钾（K）0.74%、C/N14.38、pH值多在8.0~8.4，各种微量元素的平均含量为：铜20.48mg/kg、锌65.04mg/kg、铁4471.93mg/kg、锰320.96mg/kg、硼10.75mg/kg、钼0.39mg/kg；钙、镁、硫、硅平均含量分别为：1.57%、0.37%、0.19%、9.75%。按照全国有机肥品质分级标准，羊圈肥属三级。

一般采用圈外积肥法，将羊粪尿及填料于圈外疏松堆积，短期限即可制成腐熟的羊圈肥；如距用肥季节较远，可加入适量的水紧密堆积。

羊圈肥适用于各种土壤与作物。可作基肥、追肥施用，施用技术与猪圈肥相似。

（4）兔窝肥。兔粪尿与干草、细土等垫料混合积制而成的肥料叫兔窝粪。兔窝粪中全磷含量是厩肥中含量较高的品种之一。

鲜兔窝肥平均养分含量为：粗有机物5.0%、C/N8.98、全氮（N）0.33%、全磷（P）0.29%、全钾（K）0.38%、pH值多在7.5~9.3。按照全国有机肥品质分级标准，兔窝粪属四级。

兔窝粪养分含量较高，易腐熟分解，宜作追肥。由于兔窝粪数量较少，通常情况下将之与其他圈肥混合，腐熟后的肥料适用于各种土壤与作物。

（5）鸡窝粪。鸡窝粪养分含量丰富，能改良土壤，变质地黏重为疏松，增强土壤保持力；提高作物产量。是养分含量较高的一种厩肥。

鲜鸡窝肥平均养分含量为：粗有机物 24.90%、全氮（N）1.29%、全磷（P）0.53%、全钾（K）1.95%、pH 值多在 7.2~8.8，各种微量元素的平均含量为：铜 22.06mg/kg、锌 113.08mg/kg、铁 12398.66mg/kg、锰 540.27mg/kg、硼 0.51mg/kg；钙、镁、硫、硅平均含量分别为：2.58%、0.48%、0.25%g、25.33%。按照全国有机肥品质分级标准，鸡窝粪属二级。

鸡粪在堆积过程中氮素易损失。存放上，一般先干燥存放，施用前再行沤制，沤制的主要方法有：

加土沤制。将鸡粪与土按 10 cm 厚一层鸡粪、7~8 cm 厚一层土的间隔堆积于深 1m 的水泥池中，夯实，上层覆盖秸秆或搭棚以防雨、防晒，沤制 1 个月左右即可。

加秸秆沤制。将鸡粪与秸秆以及 1:4 的比例，按高温堆肥的方法层层堆放，上层加 7-10 cm 左右厚的干土覆盖。

液肥沤制。将鸡粪与水以 1:9 的比例，冲入不漏水并加盖的池中，加入 3%~4% 的过磷酸钙沤制。

（6）土粪。土粪是以粪（鸡粪、主要是猪粪尿）与土为主，再加上落叶残枝、垃圾、生活污水等积制而成的肥料。是我国北方的主要厩肥肥源。

由于积制原料和方法的差异，土粪的养分含量（烘干基）差异很大。据调查，粗有机物 8.95%、全氮（N）0.39%、全磷（P）0.21%、pH 值为 8 左右。按全国有机肥品质分级标准，土粪属五级。

土粪积制分为圈内沤制和圈外深坑堆积两种：

圈内沤制。将家畜粪便、垃圾、草等扫入深 1m 左右的坑内，让猪在坑内排泄、踩踏，交替加入水和土，保持坑内呈湿润状态。坑满时起出，圈外堆积，经好气分解，腐熟后可施用。

圈外深坑堆积。将家畜粪便、水、土倒入圈外深 1m 左右的坑中，使之在嫌气分解的条件下沤制 2~3 个月。起出，经好气分解。腐熟后即可施用。

土粪适用于各种土壤、各类作物，常用作基肥，一般每公顷施用量3.75万~7.5万kg。

（二）堆肥

堆肥是利用作物秸秆、落叶、杂草、泥土、垃圾、生活污水及人粪尿、家畜粪尿等各种有机肥和适量的石灰混合堆积腐熟而成的肥料。堆肥材料来源广泛、肥效好，是我国农村普遍积制、施用的有机肥料。

堆肥的基本性质与厩肥相似，属热性肥料。堆肥养分齐全，C/N比大，肥效较为持久。长期施用堆肥可以起到改良土壤的作用。

1. 堆肥的积制方法

积制堆肥有两种方式，即普通堆肥与高温堆肥。

（1）普通堆肥。普通堆肥是在常温条件下通过嫌气分解，积制而成的肥料。该方法有机质分解缓慢，腐熟时间一般需3~4个月。

（2）高温堆肥。高温堆肥是在通气良好、水分适宜、高温（50~70℃）条件下，好热性微生物对纤维素进行强烈的分解，积制而成的肥料。由于好热性微生物的存在，有机质分解加快。

高温堆肥与普通堆肥的不同之处在于：一是高温堆肥法地堆制时需设通气塔、通气沟等通气装置，以保堆内适量的空气，从而有利于好气性微生物的活动。而普通堆肥是在嫌气条件下进行分解；二是高温堆肥法在操作过程中必须接种一定量的高温纤维素分解菌，以便堆腐过程中有高温产生，马粪内含有该菌。因此，高温堆肥中常加入适量的马粪。

2. 堆肥的制作条件

堆肥的分解过程是微生物分解有机质的过程，堆肥腐熟的快慢，与微生物的活动密切相关。因此，要加速堆肥腐熟，首先就要控制微生物的活动。堆肥积制过程中，影响微生物的主要因素有：

（1）水分。堆肥内含水量是控制堆肥成败与否的首要条件，一般含水量为原材料的60%~75%（按湿基计），有利于植株茎秆的软化与菌体的生长、移动，进而使堆肥材料快速、均匀地腐熟。含水量60%~75%的简单测试方法为：紧握堆肥材料时有少量水挤出，即表示含水量适宜。

积制堆肥时，若秸秆吸水困难，应将秸秆先行切断，浸泡后再堆积制。

（2）温度。大部分微生物活动的最适宜温度为 50~60℃，积制堆肥时，保持 55~65℃的温度约 1 周时间，促使高温性纤维素分解菌强烈分解有机质后，再维持 40~50℃的中温期以促进氨化作用和养分释放。堆肥中温度调节可以通过添减含有较多高温性纤维素分解菌的马粪、水及覆盖厚土等措施来调节。

（3）空气。保持适量的空气，有利于好气微生物的繁殖与活动，促进有机质分解。若通气不良，好气性微生物的繁殖会受到抑制，堆肥温度不易升高，堆腐迟缓；若通气过旺，好气性微生物繁殖过快，有机质大量分解，腐殖质化系数低、氮素损失大。适宜的通气性可以通过控制材料内的水分、堆积松紧度以及设置通气沟或通气筒等方法调节。

（4）酸碱度。大多数微生物适宜在 pH 值为 6.4~ 8.1 中性至微碱性环境下活动，积制堆肥时，由于微生物分解时产生一定数量的有机酸，致使堆肥内酸性增强。为降低酸度，保持微生物适宜的生长环境，堆制时加入相当秸秆等原材料的 2%~3%的石灰，降低酸度，同时石灰还能破坏秸秆表层的蜡质，使之易于吸水软化，加速发酵。如有条件，也可以用碱性磷肥代替石灰，效果会更好。

（5）碳氮比（C/N）。一般微生物分解有机质的适宜碳氮比为25:1，而日常应用的堆肥材料一般碳氮比较大（表 3-2），生活于其

表 3-2　几种主要堆肥材料的碳氮比

材　　料	碳氮比（C/N）
野生草类	16~42
麦　　秆	66~76
高 粱 秆	46
玉 米 秆	50
稻　　草	33~56
紫 云 英	13.3
豆科绿肥	10~23

中的微生物由于缺少氮素营养，生命活动不旺盛，分解作用缓慢；当碳氮比较小时，有机原料又大量损失。因此，积制堆肥时应加入适量的人畜粪尿、无机氮肥或碳氮比小的绿肥等原料。调节出适宜的碳氮比。

3. 堆肥的种类

由于堆积堆肥的主要原料秸秆存在物种来源上的差异。因此根据秸秆的种类，堆肥可分为玉米秆堆肥、麦秆堆肥、水稻秆堆肥、野生植物堆肥等品种。

（1）玉米秆堆肥。利用玉米秸秆为主要原料堆制的肥料。鲜玉米秆堆肥平均养分含量为：粗有机物 25.32%、全氮（N）0.48%、全磷（P）0.10%、全钾（K）0.28%、pH 值 8 左右，各种微量元素的平均含量为：铜 11.88mg/kg、锌 31.82mg/kg、铁 7055.26mg/kg、锰 11.49mg/kg、硼 12.34mg/kg、钼 0.23mg/kg；钙、镁、硫、硅平均含量分别为：0.65%、0.18%、0.12%g、7.27%。按照全国有机肥品质分级标准，玉米秆堆肥属四级。

玉米秆堆肥分高温堆肥与普通堆肥两种。高温堆制时，将玉米秆铡成 5cm 碎段，玉米秆与鲜骡马粪尿、鲜人粪尿、水按 1:0.5:0.2:1.5~2 比例，堆高 1.5~2m 混合堆制，堆宽 2~4m，堆长视情况而定，堆好后用稀泥糊封，几天后堆内温度可达 70℃左右，半月左右翻一次堆，一般翻两次堆后即可腐熟。高温堆制有机肥料品质好，病菌、虫卵宜被全部杀死。普通堆肥时，亦将玉米秆铡成 5cm 碎段，玉米秆与厩肥、人粪尿、细土按 3:1:1.5 比例堆制，堆高 2m，堆宽 3~4m。堆好后用稀泥糊封，几天后堆内温度可达 50℃左右，堆后 30d 左右翻堆 1 次，腐熟后即可施用。堆制过程中应注意及时调节堆内水分、温度、pH 值等。

玉米秆堆肥一般作基肥，每公顷用量 2.25 万~3 万 kg。长期施用能培肥地力，提高作物产量。

（2）麦秆堆肥。以麦秆为主要材料堆制的肥料，叫麦秆堆肥。鲜麦秆堆肥平均养分含量为：粗有机物 10.85%、全氮（N）0.18%、全磷（P）0.04%、全钾（K）0.16%，各种微量元素的平均含量为：铜 3.37mg/kg、锌 13.66mg/kg、铁 1730.64mg/kg、锰 25.45mg/kg、硼2.40mg/kg、钼0.06mg/kg；钙、镁、硫、硅平均含量分别为：0.37%、0.06%、0.02%g、4.3%。按照全国有机肥品质分级标准，麦秆堆肥属四级。

麦秆堆肥的积制与施用与玉米秆堆肥同。

（3）水稻秆堆肥。水稻秆多用于加工农副产品。用其制作堆肥的较少。鲜水稻秆堆肥平均养分含量为：粗有机物16.38%、全氮（N）0.46%、全磷（P）0.08%、全钾（K）0.43%，各种微量元素的平均含量为：铜3.42mg/kg、锌24.39mg/kg、铁2634.42mg/kg、锰440.13mg/kg、硼12.44mg/kg、钼0.30mg/kg；钙、镁、硫、硅平均含量分别为：0.50%、0.10%、0.06%、8.62%。按照全国有机肥品质分级标准，水稻秆堆肥属三级。

水稻秆堆肥的积制和施用与玉米秆堆肥同。

（4）野生植物堆肥。由于各种堆制原料养分差异大，堆制的肥料养分含量差别较大。以野草、枯枝、落叶为主要原料堆制的肥料，其鲜野生动植物堆肥平均养分含量为：粗有机物16.55%、全氮（N）0.63%、全磷（P）0.14%、全钾（K）0.45%，各种微量元素的平均含量为：铜26.51mg/kg、锌58.30mg/kg、铁16667.86mg/kg、锰655.22mg/kg、硼13.22mg/kg、钼0.34mg/kg；钙、镁、硫、硅平均含量分别为：2.51%、0.26%、0.14%g、13.01%。按照全国有机肥品质分级标准，山草堆肥属四级，以麻栎叶、松毛为主堆制的肥料属三级。

野生植物堆肥一般采用普通堆肥法，堆制、施用同玉米秆堆肥。

（三）沤肥

沤肥是以作物秸秆、绿肥、青草、草皮、树叶等植物残体为主，混以垃圾、人畜粪尿、泥土等，在常温、淹水的条件沤制而成的肥料。堆沤肥中有机质在嫌气条件下分解、养分不易挥发，且形成的速效养分多被泥土吸附，不易流失，肥效长而稳。沤肥的制作主要有两种形式，分别为：凼肥和草塘泥。

1. 凼肥

凼肥多含有机物和多种营养成分，以迟效肥料为主。鲜凼肥主要养分含量为：粗有机物4.96%、全氮（N）0.23%、全磷（P）

0.10%、全钾（K）0.77%，pH 值 6.9~7.4，各种微量元素的平均含量为：铜 5.33mg/kg、锌 27.71mg/kg、铁 4015.87mg/kg、锰 160.60mg/kg、钼 0.15mg/kg；钙、镁平均含量分别为：0.19%、0.08%。按照全国有机肥品质分级标准，凼肥属四级。

（1）凼肥的沤制。凼肥的沤制因地点、原料不同，分为家凼和田间凼两种。建凼时保证将凼底及四壁压实，使之不漏水。家凼设于住宅附近。以污水、垃圾、人粪尿、泥土等为沤制原料，原料不断加入，不断沤制，凼深一般 0.6~1m；田间凼设在田边地角。根据凼制季节的不同分为春凼、冬凼、夏凼，但沤制方法基本一致。以草皮、秸秆、绿肥、厩肥及人畜粪尿、泥土为原料，加入水或泥浆，保持凼内浅水层，一般凼深 0.5m 左右，每季翻凼 2~3 次，翻凼时加入少量的磷肥、人畜粪尿或厩肥，当凼面出现蜂窝眼，水层颜色呈红棕色且有臭味时，凼肥成熟。

（2）凼肥施用。凼肥可作水稻的基肥，作基肥每公顷施用量 4.5 万~7.5 万 kg。

2. 草塘泥

草塘泥是用河塘泥、稻草、绿肥、猪粪尿、青草在嫌气条件下沤制而成的。草塘泥沤制过程中形成的速效养分多为河塘泥吸附，不易流失。草塘泥是速效和迟效养分兼备的有机肥料。鲜草塘泥主要养分平均含量为：粗有机物 4.96%、全氮（N）0.23%、全磷（P）0.08%、全钾（K）0.33%，pH 值为 7.3~8.2，各种微量元素的平均含量为：铜 13.93mg/kg、锌 44.24mg/kg、铁 7094.45mg/kg、锰 239.87mg/kg；钙、镁平均含量分别为：0.12%、0.18%。按照全国有机肥品质分级标准，草塘泥属四级。

（1）草塘泥沤制。草塘泥沤制一般分 4 个阶段，即罱泥配料、选点挖塘、入塘沤制和翻塘精制 4 个阶段。

罱泥配料：一般在冬春季节罱取河泥、将长为 10~15cm 的碎秸秆（也可用绿肥、青草等）拌入泥中。

入塘沤制：将沤制原料分层，分次移入塘中，混匀踩实。塘满后，保持浅水层沤制。

翻塘精制：为加快腐熟，促进腐熟均匀，入塘沤制 30d 左右，起出塘内肥料，加入适量的人畜粪尿和绿肥、青草等，再行沤制。沤制过程中翻塘 1~2 次。当水层颜色呈红棕色，且有臭味时，草塘泥肥成熟。

（2）草塘泥施用。草塘泥施用方法、施用量与凼肥同。

三、秸秆肥

秸秆是农作物的副产品，其中含有相当数量的营养元素。当作物收获后，将秸秆直接归还于土壤，有改善土壤物理、化学和生物学性状，提高土壤肥力，增加作物产量的作用。秸秆来源广泛、数量巨大，据张夫道等人统计，作物秸秆提供的养分约占我国有机肥总养分的 13%~19%。

（一）还田方式

秸秆直接还田方式分为：翻压还田、覆盖还田两类。在作物收获后，将作物秸秆在下茬作物播种或移栽前耕翻入土的还田方式为秸秆翻压还田。秸秆覆盖还田则是指将作物秸秆或残茬铺盖于土壤表面的一种利用方式。

（二）直接还田时应注意的事项

1. 秸秆还田量

生产实践中秸秆还田量可根据田间试验与土壤腐殖质平衡计算法找出秸秆的适宜还田量。一般情况下多数秸秆的还田量在每公顷 3 000~4 500kg。还田量过大时，秸秆不能完全腐烂，造成耕作上的困难，土壤跑墒加重，严重时还能使作物减产；还田量过小时，起不到培肥土壤的作用。

2. 碳氮比

适合微生物生活与繁殖的 C/N 为 25:1 左右，而秸秆 C/N 比较高，还田时应配施一定量的氮肥，以满足微生物生长的需要，防止微生物与幼苗争氮，同时也是加速秸秆腐解。

研究认为，麦秸直接还田时需补施 0.6%~2.0% 的氮肥，玉米秸直接还田时需补加 1.7%~2.0% 的氮素，稻草直接还田时需补施 1.0%~1.5% 的氮素。

（三）秸秆的种类

我国农作物品种繁多，大面积用于直接还田的秸秆主要有稻草、麦秆、玉米秆。

1. 稻草

稻草是数量最大的秸秆品种。鲜稻草平均养分含量为：粗有机物 81.3%（烘干基，以下同）、有机碳 41.8%、全氮（N）0.91%、全磷（P）0.13%、全钾（K）1.89%，各种微量元素的平均含量为：铜 15.6mg/kg、锌 55.6mg/kg、硼 6.1mg/kg、钼 0.88mg/kg；钙、镁、硫、硅平均含量分别为：0.61%、0.22%、0.14%g、9.01%。按照全国有机肥品质分级标准，稻草品质属三级。

稻草还田方式主要有：

（1）留高茬还田。收割水稻时，基部留高茬 20~30cm，翻压还田。

（2）覆盖还田。稻草覆盖可以遍及各种作物。覆盖前首先要整地播种，因耕作制度和前茬作物不同，整地方法略有不同，总的要求是深耕灭茬、平整土地、施足底肥。播种后可以根据作物种类覆盖稻草。

覆盖麦田：出苗前趁墒均匀覆盖，撒土压草。稻草可整草撒铺，也可切草撒铺，每公顷盖稻草 2 250~3 750 kg。据湖北省测定，每公顷盖稻草 3 000kg，土壤速效钾、孔隙度分别增加 12.5 个和 9 个百分点，容重降低 5 个百分点。

覆盖马铃薯：栽种后趁畦面湿润立即覆盖稻草，盖草后淋一次水或撒土压草，1hm² 稻田的稻草覆盖 1hm² 马铃薯田。据广东省试验测定，马铃薯田覆盖稻草增产率可达 17%，青皮率减少 5%。

（3）机械化稻草直接还田。传统的做法是用铡刀将稻草铡成二刀三段或三刀四段，每公顷稻草还田 2~3hm²；机械化的还田方式是利用联合收割机和旋耕机操作，稻草 100%还田。

2. 麦秸

小麦是我国北方的主要作物，是该地区的主要秸秆和直接还田的有机物料。春冬小麦秸秆平均养分含量为：粗有机物 81.0%（烘干基，以下同）、有机碳 39.9%、全氮（N）0.65%、全磷（P）0.08%、全钾（K）1.05%，各种微量元素的平均含量为：铜 15.2mg/kg、锌 18.0mg/kg、铁 355mg/kg、锰 62.5mg/kg、硼 3.4mg/kg、钼 0.42mg/kg；钙、镁、硫、硅平均含量分别为：0.52%、0.17%、0.10%g、3.15%。按照全国有机肥品质分级标准，稻草品质属三级。

麦秸直接还田方式有：

（1）高留高茬还田。麦收时，基部留高茬 20~25cm，翻压还田。

（2）麦秸铺田。对夏播玉米等作物覆盖麦秸，蓄水保墒、培肥土壤；果园盖麦秸，每公顷覆盖量 4 500~6 000kg。

覆盖玉米：在玉米播种后 25d 左右，将麦糠和粉碎的麦秸（3~4cm 长）均匀撒于玉米行间。过早覆盖易压苗，过晚当季覆盖的秸秆在作物收获前不能完全腐烂，每公顷覆盖量 3 500 kg 左右，增产率为 8.1%~11.6%。

（3）机械化麦秸直接还田，同稻草机械化直接还田。

3. 玉米秸

玉米是我国重要的粮食作物。玉米秸平均养分含量为：粗有机物 87.1%（烘干基，以下同）、有机碳 44.4%、全氮（N）0.92%、全磷（P）0.15%、全钾（K）1.18%，各种微量元素的平均含量为：铜 11.8mg/kg、锌 32.2mg/kg、铁 493mg/kg、锰 73.8mg/kg、硼 6.4mg/kg、钼 0.51mg/kg；钙、镁、硫、硅平均含量分别为：0.54%、0.22%、0.09%g、2.98%。按照全国有机肥品质分级标准，稻草品质属三级。

直接还田方式主要有：

（1）粉碎还田。利用还田机械或人就地直接还田。

（2）秸秆覆盖。包括半耕整秆半覆盖、全耕整秆半覆盖、免耕整秆全覆盖、短秸秆覆盖、地膜秸秆双覆盖。此种方法在旱作区春玉米一年一制栽培上推广应用的面积较大。

半耕整秆半覆盖：收获玉米时，一边割秆一边硬茬顺行覆盖，盖一行空一行，下一行的根要压住上一排的梢，交接处压土。翌年春天，在空行内耕作、施肥、播种。

全耕整秆半覆盖：玉米收获时，将玉米秸搂至地边，耕耙后覆盖整株玉米秆，覆盖、施肥播种方式同半耕整秆半覆盖。

免耕整秆全覆盖：收获玉米时，将玉米秆整株顺垄割倒或压倒，不翻耕不去茬，形成全覆盖。播种时，采用两犁开沟法，先开沟施肥，后开沟播种。

短秸秆覆盖：在玉米拔节期，将切成6~10cm的玉米秸有效地撒在玉米行间，其他管理同常规生产。

地膜秸秆双覆盖：地膜秸秆双覆盖技术是解决高寒冷地区农业三大限制因素"旱、寒、薄"的措施之一，它既有地膜覆盖增温保墒的作用，又有秸秆覆盖蓄水、保墒、培肥土壤的作用。方法是秋后用犁开沟，沟宽40cm、深20~27cm，玉米整秆铺于沟底覆土起垄，形成垄与空行各半的133cm一带田，翌年春天，垄上施肥、覆膜、膜两侧打孔种植玉米。

4. 其他秸秆

可用于直接还田的秸秆种类较多，还田时多根据作物秸秆的长短与组织的紧硬程度，采取适当的还田方式。

组织坚硬秸秆需粉碎后还田，如大豆秸、绿豆秸等。

茎秆较长的可短后还田，如西瓜藤、冬瓜藤、南瓜藤、黄瓜藤、马铃薯茎、油菜秸等。

蚕豆秸、豌豆秸、谷子秸、高粱秸、花生秸适宜作饲料，还田时蚕豆秸、豌豆秸、花生秸经截断后可直接还田。高粱秸、谷子秸还田可参照玉米秸、麦秸、荞麦秸还田，洋葱茎叶、芋头茎叶可直接还田（表3-3）。

四、绿肥

凡以植物的绿色部分耕翻入土壤当作肥料的均称为绿肥。作为肥料而栽培的作物叫绿肥作物。

我国是利用绿肥最早的国家，长期应用研究表明，绿肥在提供农作物所需养分，改良土壤，改良农田生态环境和防止土壤侵蚀及污染等方面具有良好的作用。

我国绿肥资源丰富，据有关工作表明，我国绿肥资源有10科42属60多种，共1000多个品种，生产上应用普遍的品种有500多个。

表 3-3　各类秸秆平均养分含量（烘干基）　（mg/kg）

品种	粗有机物	C/N	全氮(N)	全磷(P)	全钾(K)	钙(Ca)	镁(Mg)	硫(S)	硅(Si)	品质分级
大豆秸	89.7	29.3	1.81	0.2	1.17	1.71	0.48	0.21	1.58	2
绿豆秸	85.5		1.58	0.24	1.07					2
蚕豆秸	78.8	29.9	2.45	0.24	1.71	0.62	0.29	0.32	2.03	3
豌豆秸	57.3		2.57	0.21	1.71	0.62	0.29	0.32	2.03	3
高粱秸	79.6	46.7	1.25	0.15	1.43	0.46	0.18		3.19	3
谷子秸	93.4		0.82	0.10	1.75					
大麦秸	92.5	76.6	0.56	0.09	1.37	0.35	0.09	0.10	2.73	3
荞麦秸	87.8	50.5	0.80	1.91	2.12	1.62	0.37	0.14	0.97	2
甘薯藤	83.4	14.2	2.37	0.28	3.05	2.11	0.46	0.30	1.76	2
马铃薯茎	80.2		2.65	0.27	3.96	2.11	0.46	0.30	1.76	2
油菜秸	85.0	55.0	0.87	0.14	1.94	1.52	0.25	0.44	0.58	3
花生秸	88.6	23.9	1.82	0.16	1.09	1.76	0.56	0.14	2.79	2
向日葵秸	92.0		0.82	0.11	1.77	1.58	0.31	0.17	0.62	3
棉秆	90.9		1.24	0.15	1.02	0.85	0.28	0.17		3
麻秆	91.9	41.2	1.31	0.06	0.50					3
甘蔗茎叶	91.1	49.1	1.10	0.14	1.10	0.88	0.21	0.29	4.13	3
烟秆	91.7	31.2	1.44	0.17	1.85	1.49	0.19	0.27	1.59	3
西瓜藤	80.2	20.0	2.58	0.23	1.97	4.64	0.83	0.24	3.01	2
冬瓜藤	82.5		3.43	0.52	2.77					1
南瓜藤	81.7		4.35	0.65	2.47					1
黄瓜藤	75.1		3.18	0.45	1.62					2
梨瓜藤	77.3		2.62	0.38	1.60					2
辣椒秆	87.8	13.9	3.27	0.30	4.49					1
番茄秆	81.6	16.9	2.05	0.24	2.21					2
洋葱茎叶	79.3		2.89	0.37	2.02	1.34	0.24	0.77		2
芋头茎叶	79.0		2.21	0.45	5.68					2
香蕉茎叶	83.6	21.0	1.91	0.20	3.67					2

（续表）

品种	铜（Cu）	锌（Zn）	铁（Fe）	锰（Mn）	硼（B）	钼（Mo）
大豆秸	11	27.8	536	70.1	24.4	1.09
蚕豆秸	24.7	51.6	1240	323	7.4	1.16
高粱秸	14.3	46.6	254	127	7.2	0.34
谷子秸	14.3	46.6	254	127	7.2	0.34
大麦秸	10.1	32.1	179	66.4	4.7	0.30
荞麦秸	4.9	27.9	772	102	13.1	0.31
甘薯藤	12.6	26.5	1023	119	31.2	0.67
马铃薯茎	14.3	53.0	1952	145	17.4	0.69
油菜秸	8.5	38.1	442	42.7	18.5	1.03
花生秸	9.7	34.1	994	164	26.1	0.59
向日葵秆	10.2	21.6	259	30.9	19.5	0.37
甘蔗茎叶	6.8	21.0	271	140	5.58	1.14
烟秆	14.9	33.5	616	50.7	16.8	0.48
西瓜藤	13.0	43.6			17.0	0.49

（一）冬季绿肥

1. 紫云英

又名红花草、草子、荷花郎、莲花草、翘摇、花草、燕子红、红花等，是豆科黄芪属一年生或越年生草本植物。紫云英固氮能力强，茎叶柔嫩，氮素含量较高，是肥饲兼用的绿肥品种。栽培上，多在秋季套种于稻田中，作下茬作物的基肥，北方也可春播。

紫云英喜湿润温暖，怕渍水，抗寒力弱，种子发芽的适宜温度为 20~25℃。宜生长在土壤水分为田间持水量的 60%~75%、pH 值 5.5~7.5 的较肥沃的壤质土壤上。温度降低到 -10~ -5℃时，易受冻害。全生育期 230~240d，忌连作。套种时宜接种根瘤菌，特别是未种过的田块，拌种根瘤菌是成败的关键。

鲜紫云英平均养分含量为：粗有机物 9.7%、全氮（N）0.40%、全磷（P）0.04%、全钾（K）0.27%，各种微量元素的平均含量为：铜 1.8mg/kg、锌 8.0mg/kg、铁 145.0mg/kg、锰 10.4mg/kg、硼 3.8mg/kg、钼 0.39mg/kg；钙、镁、硫、硅平均含量分别为：0.14%、

0.04%、0.05%g、0.08%。按照全国有机肥品质分级标准，紫云英属二级。

一般在紫云英的盛花期，产量和含氮量达到最高峰，是鲜草翻沤的最佳时期，水稻在插秧前的 20d 左右翻压，翻草量每公顷 1.5 万~2.25 万 kg。据广西多地田间试验，紫云英平均产量 7.275 万 kg/hm²，春后翻压作早稻的基肥，增产率为 11.67%。浙江杭州连续 3 年种植紫云英试验，试验田 2~5mm 的土壤团粒增加 2.8 倍。

2. 苕子

俗称兰花草、茹草、野豌豆等，豆科巢菜属一年生或越年生草本植物。一般用于稻田复种或麦田、棉田间套种，也常间种于中耕作物行间和林果园内。苕子固氮能力强，养分含量高，茎叶柔嫩，氮、磷、钾含量均高于紫云英。苕子嫩叶可作蔬菜，茎叶可作青饲料。

苕子具有喜湿润，耐湿、耐旱，忌渍水，不耐炎热，15~20℃生长最快。对土壤要求不严，pH 值 6~8 的土壤均可种植。以排水良好的壤质土上生长较好。鲜苕子平均养分含量为：粗有机物 17.5%、C/N13.5、全氮（N）0.62%、全磷（P）0.06%、全钾（K）0.45%，各种微量元素的平均含量为：铜 2.8mg/kg、锌 13.2mg/kg、铁 265.0mg/kg、锰 16.7mg/kg、硼 5.1mg/kg、钼 0.57mg/kg；钙、镁、硫、硅平均含量分别为：0.39%、0.05%、0.06%g、0.14%。按照全国有机肥品质分级标准，苕子属二级。

花期是苕子肥、饲价值最佳时期，一般在水稻插秧前 20d 压青，每公顷压青量为 1.5 万~3.0 万 kg，肥效略高于紫云英。

3. 箭舌豌豆

又名大巢菜、野豌豆、普通苕子、春苕、救荒朝圣豌豆、朝圣绿豆。是一年生或越年生豆巢菜属草本植物。多于稻麦、棉田复种或间作套种，也在果桑园中种植利用。

箭舌豌豆喜凉，耐寒、耐旱、耐荫蔽、耐埋、抗冰雹，不耐盐碱，忌渍水，种子萌发的最低温度为 4℃，在-10℃的短期低温下可越冬，日均温大于 25℃时生长受抑制，能耐短期霜冻，宜在pH 值 6.5~8.5 的土壤上种植。鲜箭舌豌豆平均养分含量为：粗有机物

21.0%、C/N15.2、全氮（N）0.56%、全磷（P）0.05%、全钾（K）0.41%，各种微量元素的平均含量为：铜 4.1mg/kg、锌 16.4mg/kg、铁396.0mg/kg、锰 25.3mg/kg、硼 1.5mg/kg、钼 0.71mg/kg；钙、镁、硫、硅平均含量分别为：0.52%、0.08%、0.07%g、0.26%。按照全国有机肥品质分级标准，箭舌豌豆属二级。

箭舌豌豆根瘤菌多而早，压青的最佳时期为花期至青荚期。据有关田间试验，压青区土壤容重下降 0.03g/cm³，还能使水稻增产20%以上，小麦增产 15%以上，玉米增产 10%~20%。

4. 肥田萝卜

又名满园花、茹菜、大菜、萝卜菜、菜菔、菜花、苦萝卜等。一年生或越年生十字花科萝卜罂直立草本。吸收利用土壤中难溶性磷的能力较强。是一种改良红壤低产田的先锋作物，也可用作蔬菜和青饲料。多用于稻田冬闲田利用或红壤旱地利用。肥田萝卜喜凉爽气候，种子最低发芽温度为 4℃，适宜温度为 15~20℃。幼苗期，气温降到 0℃不致冻死，0℃以下，叶片易受冻害，但春季仍能恢复生长，全生长期 210~230d。肥田萝卜耐干旱、耐瘠薄、耐酸，不耐渍水，适宜土壤 pH 值为 4.8~7.5。

肥田萝卜鲜草养分含量丰富，鲜萝卜平均养分含量为：粗有机物 12.1%、C/N19.8、全氮（N）0.36%、全磷（P）0.06%、全钾（K）0.37%，各种微量元素的平均含量为：铜 1.4mg/kg、锌 7.3mg/kg、铁 163.0mg/kg、锰 7.2mg/kg、硼 3.7mg/kg、钼 0.26mg/kg；钙、镁、硫、硅平均含量分别为：0.43%、0.05%、0.10%g、0.09%。按照全国有机肥品质分级标准，肥田萝卜属二级。

肥田萝卜适宜在 11 月上旬立冬前后播种，旱地可以提早到 10月下旬霜降前后，不宜过早。翻压适宜期在肥田萝卜的开花期，作稻田绿肥，提前 1 个月配施适量的氮肥、磷肥翻压；旱地压青，截短、深埋 10~15cm。

5. 油菜

俗称油白菜、野油菜。十字花科芸薹属，一年生或越年生作物，具有一定活化和富集土壤养分的功能，尤其是有一定的解磷特性。油菜喜温暖湿润的气候，种子最低发芽温度为 2~3℃，适宜温度为

16~20℃。适宜在 pH 值 6.5~7.5，水分为土壤最大持水量的 30%~35%，质地为沙土、壤土或黏壤土上生长。

鲜油菜平均养分含量为：粗有机物 9.3%、C/N18.7、全氮（N）0.33%、全磷（P）0.04%、全钾（K）0.42%，各种微量元素的平均含量为：铜 2.1mg/kg、锌 16.7mg/kg、铁 100.0mg/kg、锰 24.8mg/kg。按照全国有机肥品质分级标准，油菜属二级。

在南方，油菜的播种期为 10 月中下旬，在北方分为夏播和春播，夏播在三伏，春播在 2 月末到 3 月初，一般在初花期翻压，每公顷压青量达 2.75 万 kg。据试验，种油菜压青的比冬闲田增产早稻9.5%。

6. 蚕豆

又名胡豆、南豆、佛豆、罗汉豆，一年生或多年生豆科巢菜属草本植物，是一种优良的粮、菜、肥兼用的作物。一般在秋季或早春播种，多用于稻、麦田套种或中耕作物行间间种。茎叶作为绿肥含氮量较高，其他养分丰富。

蚕豆喜温暖湿润的气候，有一定的抗寒能力。较耐碱、不耐酸、不耐涝、不耐旱，种子发芽的最低温度为 3~4℃，适宜温度为 16℃，苗期能耐-4℃的低温；营养生长的适宜温度为 16~22℃。蚕豆对土壤要求不严，适宜在 pH 值 6.2~8.0 的土壤上生长。

鲜蚕豆茎叶平均养分含量为：粗有机物 20.4%、C/N17.1、全氮（N）0.45%、全磷（P）0.05%、全钾（K）0.30%，各种微量元素的平均含量为：铜 3.0mg/kg、锌 6.8mg/kg、铁 176.0mg/kg、锰 9.8mg/kg、硼 4.2mg/kg、钼 0.31mg/kg；钙、镁、硫、硅平均含量分别为：0.37%、0.06%、0.04%g、0.11%。按照全国有机肥品质分级标准，蚕豆茎叶属二级。

长江流域和西南地区蚕豆秋播在 10 月，靠南的省份在 11 月上旬，北方春播在 3 月下旬至 4 月中旬。翻压多在始花期，翻压一般7~10d 见肥效。

7. 豌豆

又名麦豆、寒豆、荷兰豆，一年生或越年生豆科巢菜属植物。是重要的粮、菜、肥兼用作物。主要用作水稻、棉花前茬利用和中耕作物行间间种，茎秆翻压作绿肥。

豌豆喜较凉爽而湿润的气候，耐旱、耐瘠，种子发芽的最低温度为 1~2℃，最适宜温度为 8~15℃，适宜生长在排水良好的壤质、沙质，pH 值 5.5~6.7 的土壤上种植。

鲜豌豆茎叶平均养分含量为：粗有机物 20.8%、C/N14.7、全氮（N）0.59%、全磷（P）0.06%、全钾（K）0.40%，各种微量元素的平均含量为：铜 2.2mg/kg、锌 10.6mg/kg、铁 336.0mg/kg、锰 18.2mg/kg、硼 4.3mg/kg、钼 0.67mg/kg；钙、镁、硫、硅平均含量分别为：0.54%、0.08%、0.07%g、0.12%。按照全国有机肥品质分级标准，豌豆茎叶属二级。

豌豆多为点播或条播，北方春播在 3—4 月，秋播在 8 月初；南方秋播在 10~11 月，盛花期和初荚期翻压。

（二）夏季绿肥

1. 田菁

又名碱青、涝豆、柴籽、花香、香松柏、海松柏、青山、青籽等，一年生或多年生豆科田菁属草本植物。原产热带和亚热带地区，最早种植于我国的南方，以后北移，现早熟品种可在华北和东北地区种植。

田菁喜温暖、湿润气候，抗盐碱、耐涝渍能力强，是改良盐碱地的先锋作物，但苗期不耐旱、不耐涝。种子发芽的最低温度为 12℃，最适宜温度为 20~30℃，适宜生长在 pH 5.5~7.5，含盐<0.5% 的土壤上。

鲜田菁平均养分含量为：粗有机物 27.5%、C/N17.9、全氮（N）0.67%、全磷（P）0.06%、全钾（K）0.43%，各种微量元素的平均含量为：铜 4.0mg/kg、锌 20.2mg/kg、铁 109.0mg/kg、锰 31.8mg/kg、硼 9.2mg/kg、钼 1.16mg/kg；钙、镁、硫、硅平均含量分别为：0.24%、0.03%、0.05%、0.09%。按照全国有机肥品质分级标准，田菁叶属三级。

田菁用作绿肥在 6 月中旬播种，用于留种一般在 4 月下旬播种。用作绿肥的种植方式主要有：改良盐碱地、利用夏闲地、荒地、沟渠路边以及主要作物当季或两季作物的空隙种植。适宜翻压期为初花期。

2. 绿豆

一年生豆科豇豆属草本植物,是一种优良的粮肥兼用作物,多在春夏种植,间种于中耕作物行间或麦田复种。

绿豆喜温暖、湿润气候,8~10℃种子可发芽,适宜的生长温度为25~30℃,对低温比较敏感,遇霜冻易凋萎;耐旱、耐湿、耐瘠性较强,适宜在中性土壤上栽培,忌重茬连作。

鲜绿豆茎叶平均养分含量为:粗有机物 27.4%、C/N27.0、全氮(N)0.53%、全磷(P)0.06%、全钾(K)0.42%,各种微量元素的平均含量为:铜 3.4mg/kg、锌 5.4mg/kg、铁 82.0mg/kg、锰 12.0mg/kg、钼 0.67mg/kg;钙、镁、硫、硅平均含量分别为:0.79%、0.13%、0.08%、0.13%。按照全国有机肥品质分级标准,绿豆属二级。

绿豆春播于 4 月中、下旬,夏播在 6—7 月。初花期为适宜压青期,作小麦、玉米等作物的基肥,每亩施鲜绿豆茎叶 2.25 万 kg,可使小麦、玉米增产 20% 以上。

3. 豇豆

又名豆角,豆科豇豆属一年生草本,粮肥兼用或作绿肥的品种主要是乌豇豆和印度豇豆。

豇豆喜温暖、湿润气候,较耐旱,但不耐霜,不耐湿、渍。发芽的最低温度为 12℃,最适温度为 15~30℃。适宜在 pH 值 5.0~8.5 排水良好、肥力较高的土壤上种植,不宜连作。乌豇豆是长江中、下游和黄河故道以南广泛利用的绿肥,多用作果园、桑园中种植作覆盖绿肥,全生育期 76~81d。印度豇豆适宜在长江以南各省种植栽培,多用作果、桑、茶等种植园的作覆盖绿肥,全生育期在江浙一带 180~190d。

鲜豇豆茎叶平均养分含量为:粗有机物 17.0%、C/N 16.0、全氮(N)0.44%、全磷(P)0.07%、全钾(K)0.33%,各种微量元素的平均含量为:铜 1.8mg/kg、锌 8.4mg/kg、铁 92.0mg/kg、锰 22.5mg/kg、钼 0.69mg/kg;钙、镁、硫、硅平均含量分别为:0.45%、0.08%、0.06%、0.10%。按照全国有机肥品质分级标准,

豇豆属二级。

豇豆一般在4—8月播种，宜在盛花期翻压。

（三）多年生绿肥

1. 紫花苜蓿

又名苜蓿、牧蓿，多年生宿根性豆科草本植物。既是营养价值较高的优质饲料，又是肥效较好的绿肥。

喜温暖半干燥性气候，较耐旱，抗寒、抗瘠能力强，但不耐渍。种子发芽的最低温度为5℃，幼苗期可耐-6℃的低温，植株能在-30℃的低温下越冬。对土壤要求不严，能在pH值6.5~8.0，含盐量在0.3%以下的钙质土壤上生长。鲜紫花苜蓿平均养分含量为：粗有机物34.6%、全氮（N）0.61%、全磷（P）0.07%、全钾（K）0.69%，各种微量元素的平均含量为：铜4.3mg/kg、锌33.5mg/kg、铁135.0mg/kg、锰35.9mg/kg，按照全国有机肥品质分级标准，紫花苜蓿属二级。

紫花苜蓿幼苗期生长缓慢，1~2年后生长旺盛，一般与其他作物间、套、混播，在前作的荫蔽条件下度过苗期。春播苜蓿第一年秋割1次，两年后每年可收割1次，初花期为收割的最佳量期，收割的鲜草可作饲料或异地还田。4~5年后鲜草产量下降，可耕翻。作绿肥压青一般每公顷7 500~11 250kg。

2. 紫穗槐

又名锦槐、紫花槐、穗花槐、槐树，豆科紫穗槐属落叶灌木。紫穗槐嫩叶可作绿肥，其养分含量在绿肥作物中最高。

紫穗槐耐瘠、耐寒、耐旱、耐湿、耐盐碱，无论沙滩、荒地、沟渠、河堤、公路、铁道两旁均能种植。

鲜紫穗槐平均养分含量为：粗有机物31.5%、C/N15.4、全氮（N）0.91%、全磷（P）0.10%、全钾（K）0.45%，各种微量元素的平均含量为：铜23.2mg/kg、锌25.5mg/kg、铁221.0mg/kg、锰39.7mg/kg，按照全国有机肥品质分级标准，紫穗槐属二级。

紫穗槐可直接播种，也可扦插繁殖，生产上多用扦插繁殖，春插用两年生苗未萌发的枝条，秋插用当年已木质化的枝条，条长

25~35cm，每穴顺插 3~4 条，每条露芽 1~2 个。第二年平茬后，每年可在立夏、立秋后采割嫩茎叶铡成 10~15cm 长，在播种和插秧前 15d 翻入田中。做小麦或水稻的基肥，也可用于沤制草塘泥或堆肥。

（四）水生绿肥

1. 满江红

又名绿萍、红萍、红浮萍，满江红科满江红属自由漂浮的蕨类植物。满江红可以通过共生固氮蓝藻固定空气中的氮素，另外也有水生绿肥共性，有富集磷钾的能力，且繁殖率高，是一种优质高产的肥饲兼用绿肥品种。满江红种类较多，共分为 2 个亚属 7 个种，放养较多的是细绿萍。

满江红耐阴性强，对温度比较敏感。分为耐寒、耐热两种类型。耐寒类有在短期内耐-8℃~ -5℃低温的能力；耐热型适宜生长温度 30℃左右，9℃即出现死亡。一般适宜生长在 pH 值 6.5~7.5，水质肥沃、水流静缓、水位稳定的狭长水面。

满江红鲜草平均养分含量为：粗有机物 5.4%、C/N12.1、全氮（N）0.23%、全磷（P）0.03%、全钾（K）0.18%，各种微量元素的平均含量为：铜 1.0mg/kg、锌 7.1mg/kg、铁 610.0mg/kg、锰 74.9mg/kg、硼 2.0mg/kg、钼 0.24mg/kg，钙、镁、硫、硅平均含量分别为：0.20%、0.04%、0.03%、0.28%。按照全国有机肥品质分级标准，满江红属二级。

满江红有无性繁殖和有性繁殖两种方式，养殖则有水稻行放养、南方冬水田放养、夏秋短季放养、河塘水放养等方式。稻田行间放养，放养 20~30d 即可倒萍作水稻追肥，该方式需注意前 10d 水稻可能会出现缺肥现象；冬水田放养，插稻前 10~15d 翻压作基肥；采用其他方式放养的满江红，收集的鲜萍可异地还田，作旱地作物基肥。据浙江、江西等地试验，每公顷压萍 2.25 万~3 万 kg，水稻增产 10%~20%，小麦增产 10% 左右。

2. 水花生

又名喜旱莲子草、水苋菜、豆藤草、革命草、螃蜞菊、花生草、水蕹菜等，苋科莲子草属多年生宿根性草本植物，具有分解矿物质与富肥的能力，既可作肥料，又是猪羊好饲料。

水花生喜温暖、抗寒、抗瘠能力强，对水土要求不严，可水生，也可陆生，气温10℃以下停止生长。遇霜老茎和宿根可在水或土中休眠越冬。适宜在水质肥沃、水流暖、水位稳、水面宽的场所放养。

水花生鲜草平均养分含量为：粗有机物10.7%、C/N13.9、全氮（N）0.35%、全磷（P）0.04%、全钾（K）0.71%，各种微量元素的平均含量为：铜2.1mg/kg、锌9.6mg/kg、铁525.0mg/kg、锰55.0mg/kg、硼2.6mg/kg、钼0.17mg/kg，钙、镁、硫、硅平均含量分别为：0.28%、0.07%、0.05%、0.49%。按照全国有机肥品质分级标准，水花生属二级。

水花生一般以茎蔓进行无性繁殖，水下越冬的老茎作为来年的的种苗。春季先培育种苗，待茎长至15cm以上时放养，放养30~40d，茎叶露出水面后，可轮流采收。每年采收水花生1~2次，经高温堆沤，可作袋的堆肥和追肥，或小麦、油菜的基肥，不宜直接翻压。

3. 水葫芦

又名凤眼莲、水荷花、水绣花、野荷花等。雨久花科风眼蓝属多年生水生草本植物。水葫芦生长迅速，有较强的富肥性。据测定，水葫芦在肥水中繁茂生长时，每公顷每天从水中吸收氮素45kg、磷9kg、钾37.5kg，是优良的肥饲兼用绿肥品种，也是沼气的植物原料。

水葫芦喜温好湿，耐肥、耐瘠、耐阴，以在水质肥沃、水流缓慢的地方生长为佳。在0~40℃的范围内能正常生长，适宜生长温度为25~32℃。

水葫芦鲜草平均养分含量为：粗有机物7.6%、C/N13.3、全氮（N）0.22%、全磷（P）0.04%、全钾（K）0.37%，各种微量元素的平均含量为：铜1.3mg/kg、锌9.0mg/kg、铁539.0mg/kg、锰78.5mg/kg、硼1.6mg/kg、钼0.12mg/kg，钙、镁、硫、硅平均含量分别为：0.27%、0.06%、0.05%、0.22%。按照全国有机肥品质分级标准，水葫芦属二级。

水葫芦宜在4月中旬母株萌芽长出新叶的时候放养，采收时间隔收取放养面积的 1/4~1/3。水葫芦可直接压青作水稻的基肥和追肥施用，每公顷压青量为 2.25 万~3 万 kg，或作堆肥的原料；也可采集用作旱地作物及果园压青绿肥。不过最好是先用作沼气原料，再用作肥料。

4. 水浮莲

又名大藻、大浮萍、水荷莲，天南星科藻属多年生浮生草本植物。水浮莲植株柔嫩，养分丰富，且有回收汞、镉等有害物质，既是优质的绿肥与沼气原料，又是良好的环境净化植物。

水浮莲喜高温、高湿，耐寒能力差，越冬较困难，种子发芽的温度为 18~40℃，30~35℃时分株繁殖最快。适宜在 pH 值 6.5~7.5，水质肥沃、水流静止的地方放养。

水浮莲鲜草平均养分含量为：粗有机物 5.5%、C/N11.9、全氮（N）0.19%、全磷（P）0.04%、全钾（K）0.28%，各种微量元素的平均含量为：铜 1.2mg/kg、锌 6.5mg/kg、锰 114.1mg/kg、硼 5.2mg/kg、钼 0.06mg/kg，钙、镁、硫、硅平均含量分别为：0.13%、0.03%、0.03%、0.38%。按照全国有机肥品质分级标准，水浮莲属二级。

水浮莲种子数量不能满足生产需要，生产上多以分株繁殖为主。经春繁，于夏季放养入河塘。水浮莲可直接压青作基肥或打浆作追肥，多可用作堆沤肥的材料。一般每公顷压青量为 0.75 万~1.5 万 kg，施用于稻田，可增产稻谷 5%左右。

五、土杂肥

土杂肥是我国传统的农家肥，来源广、种类多，现以草木灰为例：

草木灰是指植物体燃烧后留下的灰分统称。草木灰中无机养分含量丰富，养分中以钾和钙含量最多，磷次之。因此，往往将草木灰当作钾肥施用。由于植物种类、燃烧方法、时间上的不同，草木灰养分含量存在较大差异（表 3-4），从表 3-4 可以看出，草木灰中磷含量以棉花秆最高，烤烟秆次之，禾本科作物较低；钾含量以大豆秆最高，烤烟秆最低。

表 3-4　各类草木灰平均养分含量（烘干基）

品种	全磷(P,%)	全钾(K,%)	pH	钙(Ca,5)	镁(Mg,%)
水稻秆灰	0.78	8.20	10.74	7.27	1.16
玉米秆灰	0.90	7.29	10.66	10.51	2.24
小麦秆灰	0.66	7.52	11.12	2.34	0.3
棉花秆灰	1.34				
甘蔗叶灰	0.94	6.38	10.60	0.55	0.29
荞麦秆灰	1.16	7.92	10.10	8.61	1.77
烤烟秆灰	1.17	6.36	9.82	13.37	2.80
柴灰	1.03	6.31	9.56	2.42	0.49
山草灰	0.66	4.29	10.44		
大豆秆灰	1.12	8.90	10.76		
油菜秆灰	0.47	4.60	12.00	3.24	0.18
甘薯秆灰	1.35	9.31	10.75		

品种	铜(Cu, mg/kg)	锌(Zn, mg/kg)	铁(Fe,mg/ kg)	锰(Mn, mg/kg)	硼(B, mg/kg)	钼(Mo, mg/kg)
水稻秆灰	10.07	128.57	4514.50	1479.25	13.00	1.16
玉米秆灰	59.83	209.18	8790.13	631.71	1.73	
小麦秆灰	25.54	115.23	2635.75	912.10	16.95	1.76
棉花秆灰	84.06	160.08	2141.24	525.35		
甘蔗叶灰	17.35	62.06	3388.95	1236.48	24.20	0.24
荞麦秆灰	35.91	264.13	3473.27	2241.41	48.61	0.35
烤烟秆灰	116.30	206.05	15941.84	364.63	40.54	2.93
柴灰	96.00	263.81	5279.10	1577.75	36.82	1.01
油菜秆灰	20.50	99.08	4477.00	426.00		

　　草木灰是碱性肥料，其中的养分易随水流失，贮存应注意干燥、避雨，且不与硫酸铵、硝酸铵等氨态氮肥混存、混用，也不宜与人粪尿、家畜粪尿混存，以免引起氨态氮肥的损失。

　　草木灰适用于各类作物以及除盐碱地以外的各类土壤，尤其是适用于酸性土壤。可以作基肥、追肥，多作基肥。施用前加 2~3 倍的湿土混合，沟施或穴施，一般每公顷草木灰用量 750~1500kg，若在酸性红壤上施用可增至 2250kg。作追肥时，可用草木灰浸出液进行根外追施。

六、饼肥

饼肥是油料作物籽实榨油后剩下的残渣，也叫油枯，是我国传统的优质农家肥，部分也是牲畜的优质饲料。饼肥的种类很多，主要品种有：大豆饼、油菜籽饼、芝麻饼、花生饼、棉籽饼和葵花籽饼，其次还有蓖麻饼、胡麻饼、桐籽饼、茶籽饼等。各种类型的饼肥中一般富含有机质、氮和相当数量的磷、钾与中、微量元素，其中钾素可被农作物直接吸收利用，而氮、磷分别存在于蛋白质和卵磷脂中，不能直接被利用，但由于饼肥的碳氮比较小，易分解，肥效反较其他有机肥易发挥。

根据饼肥的成分，利用上可分为两大类：一类是营养价值高，可作牲畜的饲料，如大豆饼、芝麻饼、花生饼等，应用上以过腹还田更为经济合理；另一类是含有毒素，如棉籽饼中含有棉酚，菜籽饼、茶籽饼中含有皂素，桐籽饼中含有桐酸和皂素，不宜作饲料，经综合利用后作肥料，但其中的菜籽饼和棉籽饼含副成分较少，处理后可作饲料。

(一) 大豆饼

既是饲料，又是优质的有机肥料。施用大豆饼不但能改良土壤，提高农作物产量，则且能提高农产品品质。尤其是在烟草、西瓜上施用，能明显提高烟叶品质和西瓜的固形物。

据测定，大豆饼平均养分含量（风干基）：粗有机物 67.7%、有机碳 20.2%、C/N3.07、氮（N）6.68%、磷（P）0.44%、钾（K）1.19%、钙（Ca）0.69%、镁（Mg）1.51%，各种微量元素的含量为：铜 18.0mg/kg、锌 84.9mg/kg、铁 400mg/kg、锰 73.7mg/kg、硼 28.0mg/kg、钼 0.68mg/kg。按照全国有机肥品质分级标准，大豆饼属一级。

大豆饼适用于各类土壤和各种作物，可作基肥、追肥，一般常作基肥，每公顷用量 375~750kg；作追肥施用时，施肥期应提前，以保证向作物及时提供养分。施用前，由于饼肥中的蛋白质和糖类产生各种有机酸，同时还产生高温，会对作物造成伤害，不宜直接施用。生产上，将粉碎的饼与堆肥或厩肥同时堆积，发酵 1~3d 即可；或将打碎的饼在尿水中浸 2~3 周，发酵后再行粉碎即可施用。大豆饼不能靠近种子施用，以免发生种蛆。作追肥时可沟施或穴施。

（二）花生饼

是一种肥分浓厚的有机肥料，同时也是优质植物蛋白质饲料。作肥料使用时，对改良土壤、提高农作物产量、品质有良好的作用。尤其是在烟草、西瓜上施用，能明显提高烟叶品质和西瓜固形物。

据测定，花生饼平均养分含量（风干基）：粗有机物 73.4%、有机碳 33.6%、C/N4.7、氮（N）6.92%、磷（P）0.55%、钾（K）0.96%、钙（Ca）0.41%、镁（Mg）0.44%，各种微量元素的含量为：铜 14.9mg/kg、锌 64.3mg/kg、铁 392mg/kg、锰 39.5mg/kg、硼 25.4mg/kg、钼 0.68mg/kg。按照全国有机肥品质分级标准，花生饼属一级。

花生饼的施用范围、方法，发酵方法，注意事项均与大豆饼相似，肥料上 55 kg 花生饼与 50 kg 大豆饼相当。

（三）芝麻饼

是一种优质的有机肥料，因其具有很高的营养价值，通常用作饲料。

芝麻饼平均养分含量（风干基）：粗有机物 87.1%、有机碳 17.6%、C/N3.69、氮（N）5.08%、磷（P）0.73%、钾（K）0.56%、钙（Ca）2.86%、镁（Mg）3.09%、硅（Si）2.96%；各种微量元素的含量为：铜 26.5mg/kg、锌 130mg/kg、铁 822mg/kg、锰 58.0mg/kg、硼 14.1mg/kg、钼 0.07mg/kg。按照全国有机肥品质分级标准，芝麻饼属一级。

芝麻饼一般作基肥，每公顷用量 450~900kg。施用范围、方法，发酵方法，注意事项同其他饼肥。

（四）葵花籽饼

葵花籽饼是由葵花（向日葵）籽榨油后剩下的残渣，既是优质的有机肥，又是上等的植物蛋白饲料。作为肥料，葵花籽饼对改良土壤、提高作物产量与品质均有良好的作用。

葵花籽饼平均养分含量（风干基）：粗有机物 92.4%、氮（N）4.76%、磷（P）0.48%、钾（K）1.32%；各种微量元素的含量为：铜 25.5mg/kg、锌 145mg/kg、铁 892mg/kg、锰 113.0mg/kg。按照全国有机肥品质分级标准，葵花籽饼属一级。

葵花籽饼适用于一般土壤与作物，可作基肥、追肥施用，每公顷用量 600~1050kg。施用范围、方法，发酵方法，注意事项同其他饼肥。据统计，1kg 葵花籽饼肥约增产粮食 1kg。

（五）油菜籽饼

油菜籽饼是由油菜籽榨油后剩下的残渣压成的饼，是一种优质的有机肥料。由于含有介酸等物质，经脱毒后可作饲料。作肥料施用能提高作物产量，改善农产品品质，尤其在提高瓜果和烟草作物的品质方面效果更显著。

油菜籽饼平均养分含量（风干基）：粗有机物 73.8%、有机碳33.4%、C/N6.6、氮（N）5.25%、磷（P）0.80%、钾（K）1.04%、钙（Ca）0.80%、镁（Mg）0.48%；各种微量元素的含量为：铜 8.39mg/kg、锌 86.7mg/kg、铁 621mg/kg、锰 72.5mg/kg、硼 14.6mg/kg、钼0.65mg/kg。按照全国有机肥品质分级标准，油菜籽饼属一级。

油菜籽饼多用在果树、蔬菜、瓜类、棉花、烟草等经济作物上，常作基肥，每公顷用量 525kg 左右，也可作追肥用，施用范围、方法，发酵方法，注意事项同其他饼肥。

（六）茶籽饼

茶籽饼是油茶树的种子榨油后剩下的残渣，是一种优质的有机肥料，不能直接作饲料，经发酵脱毒后可作饲料使用。

茶籽饼平均养分含量（风干基）：粗有机物 91.2%、有机碳43.5%、C/N29.8、氮（N）1.44%、磷（P）0.28%、钾（K）1.18%、

钙（Ca）0.20%、镁（Mg）0.17%；各种微量元素的含量为：铜 10.7mg/kg、锌 26.7mg/kg、铁 259mg/kg、锰 184mg/kg、硼 12.3mg/kg、钼 0.19mg/kg。按照全国有机肥品质分级标准，茶籽饼属三级。

因茶籽饼不易腐熟分解，多于家畜粪尿混合沤制，腐熟后作基肥施用。据试验 7 kg 茶籽的肥效饼与 1 kg 大豆饼的肥效相当。

七、海肥

海肥是指利用海产物制成的肥料。我国沿海生物种类繁多，海产品加工的废弃物、非食用性的海生动植物，以及矿物性海泥等均可用来制作海肥。按制作材料的种类，海肥一般可分为：动物性海肥、植物性海肥、矿物性海肥三大类，三类海肥中以动物性海肥种类多、数量大、肥效最高。

（一）动物性海肥

动物性海肥主要分为鱼虾类、贝介类、海星类及其他海生动物。

1. 鱼虾类

鱼虾类海肥又可分为鱼类和虾类海肥。鱼类海肥是指鱼类加工后的废弃物，包括鱼头、鱼尾、鱼鳞、鱼杂、鱼骨等；虾类海肥是指虾类加工后的废弃物，包括虾头、虾皮、虾糠等。鱼虾类海肥富含有有机质与氮、磷养分（表 3-5），其养分含量是动物性海肥中最高的。

鱼虾类海肥氮素养分多以蛋白质的形态存在，磷素营养以有机酸和磷酸三钙的形态存在，肥效迟缓，须经沤制才能施用。

（1）鱼类海肥的沤制与施用。放入池（缸）中，加 3~4 倍的水，搅拌均匀，加盖沤制 1~2 个月。腐熟后加 1~2 倍的水沟施或穴施，也可将鱼类海肥捣碎与黏土、圈肥、土粪一起沤制，作基肥用。

（2）虾类海肥的沤制和施用。放入池（缸）中，加 7~8 倍的水，搅拌均匀，加盖沤制 1~2 个月。施用方法同鱼类海肥。

2. 贝介类

贝介类海肥是指体形大和腐败不能食用的贝介类动物。贝介类海肥含有较多的碳酸钙和氮、磷、钾养分，但有机质含量不高。

表 3-5　鱼虾类平均养分含量（%）

种类	有机质(%)	全氮(N,%)	磷(P$_2$O$_5$,%)	钾(K$_2$O,%)
鱼杂	60.94	7.36	5.34	0.52
鱼鳞	—	3.59	5.06	0.22
鱼肠	65.40	7.21	9.23	0.08
杂鱼	28.66	2.76	3.43	—
鲨鱼肉	—	4.20	0.56	0.27
鲨鱼骨	—	3.63	0.13	0.40
虾糠	46.34	3.85	2.43~3.34	0.64~1.14
虾皮	—	4.74~5.58	2.71~3.41	0.77~0.81
虾蛄	—	8.20	3.00	—
小酱虾	22.63	2.65	2.15	

（引自《肥料手册》，1979）

表 3-6　贝介类海肥的养分含量

种类	全氮(N,%)	磷(P$_2$O$_5$,%)	钾(K$_2$O,%)
黑蛤	2.64	0.38	0.28
蛏子	1.17	0.32	0.51
马牙子	1.84	0.48	0.28
海蛎子皮	1.21	0.23	0.38
海螺	2.11	0.52	0.46
红螺	1.28	0.22	0.22
鬼螺	0.85	0.52	0.09
白蚬	0.20	0.80	0.48
鲜蚌子	1.51	—	—
蛤蜊皮	0.44	0.15	0.24
壳头	0.05	0.02	0.07
蚶子	0.98	0.43	1.26
干蚧	4.21	2.79	0.57
蚧子	4.86	3.63	0.81
虾蚧粉	4.86	3.63	0.81
蟛蜞（沙马）	1.63	3.30	0.17

（引自《肥料手册》，1979）

贝介类海肥一般应先沤制再施用。方法是将贝介捣成糊状，制1~2d，加7~8倍的水作追肥用，也可将碎贝介与土杂肥或细黏土按1:3~5的比例混合在一起堆沤半个月左右，腐熟后作基肥用（表3-6）。

3. 海星类及其他海生动物

海星类及其他海生动物性海肥是由海星类和其他不能食用的海生动物制成的肥料。这类肥料在海肥中数量大，含有数量不等的有机质和氮、磷、钾养分（表3-7）。

表3-7　海星及其他海生动物养分含量

种类	全氮(N,%)	全磷(P$_2$O$_5$,%)	全钾(K$_2$O,%)	CaCO$_3$(%)
海线	0.40	0.04	0.17	86.6
海乳	1.36	0.10	0.45	—
红螺	1.28	0.10	0.18	58.5
海五星	1.80	0.11	0.42	65.6
海风车	2.11	0.14	0.38	57.0
干蟹	4.21	1.21	0.47	26.1
海醉果脯	2.12	0.27	0.51	2.56
光头（海生动物外壳）	0.05	0.02	0.07	90.0

（引自《海洋生物综合利用》）

海星类及其他海生动物性海肥多属迟效性肥料，可作基肥和追肥。施用方法：一是将海肥晒干碾碎，混入4~5倍的栏粪，或加入0.3~0.5倍的污水、人粪尿，堆沤半月，作基肥或追肥用；二是将海肥晒干、磨细、直接作追肥；三是在海肥中加入3~4倍的污水、人粪尿沤制半月，腐熟后对水浇施。

（二）植物性海肥

植物性海肥以海藻为主，作肥料的海藻一种是藻类植物直接利用，如红藻、绿藻；一种是利用加工藻类产品的废弃物。植物性海藻肥富含有机质以及氮、钾养分（表3-8），且不易腐烂，沤制后可作基肥、追肥。藻类海肥属速效性肥料，作追肥时，先将海生植物切碎，加 2~4 倍的污水浸泡 15~20d，腐熟后即可施用；也可作垫圈的材料，和畜粪一起施用；还可以将切碎的海生植物与泥土掺混，经 2~3 个月的堆沤作基肥用。

表 3-8　几种藻类中氮、磷、钾、灰分的含量与灰分成分 (%)

种类	氮(占干物质)	磷(占干物质)	灰分(占干物质)	灰分		
				K₂O	CaO	P₂O₅
紫菜	2.13	0.43	29.2	—		—
泡叶菜	1.76	0.16	190.8	10.0	12.8	0.8
墨角藻	1.73	0.18	21.5	15.9	28.5	1.4
海带	2.09	0.22	27.2	28.1	24.6	1.8
掌权海带	1.69	0.23	27.9	—	—	—
长海带	1.84	0.16	34.8	—	—	—
肠浒苔	2.58	0.31	45.4	—	—	—
石莼	3.75	0.29	29.1	—	—	—
邹波角叉菜	1.94	0.11	26.8	—	—	—
掌状红皮藻	4.04	0.32	26.7	—	—	—
角叉藻	—	—	—	17.3	7.2	0.4

(引自《海洋生物综合利用》)

（三）矿物性海肥

矿物性海肥由腐烂的海生动植物的遗体和江河入海时带来的泥土地淤积而成。养分含量因其形成时间和条件而异。性质和施用方式与塘泥相似。

八、泥炭

泥炭又叫草炭、草木炭、草煤、泥煤、草筏子等。是古代低湿地带生长的植物残体，在淹水条件下形成相对稳定的松软堆积物，组成成分中有纤维素、半纤维素、沥青、腐殖酸、灰分等。

在自然状态下，泥炭含水量一般在50%以上。分解较弱的泥炭，疏松有弹性，植物残体清晰可辨，颜色多呈浅棕黄色与浅褐色；分解较强的泥炭，腐殖质增多，植物残体不易辨认，较坚实，风干后易粉碎，颜色多为较深的灰褐色与黑褐色。一般有机物40%~70%、腐殖酸20%~40%、C/N 10~20、pH值4.5~6.5，全氮（N）1.2%~2.3%、全磷（P）0.17%~0.49%、全钾（K）0.23%~0.27%。

泥炭的施用方法一般有：直接施用、垫圈、堆肥、菌肥载体和腐殖酸原料等形式。

直接施用：一般选用分解程度较高（30%以上），pH值6.0以上，碳氮比值小，养分含量高的低位泥炭作追肥，每公顷施用量3.75万~7.5万kg。

垫圈：泥炭吸水，吸氨性较强，以分解程度较弱的微酸性泥炭作垫圈材料优于黏土。

堆肥：低位泥炭最适宜制造泥炭堆肥。需要指出的是，高位泥炭酸性较强，不宜直接施用，宜沤制堆肥。堆肥方法同于普通堆肥。

菌肥载体：泥炭是细菌肥料的良好载体。先将泥炭风干、粉碎、调整酸碱度、灭菌等处理，即可接种各类菌剂。

制造腐殖酸肥料：泥炭中腐殖酸含量较高，是制造腐殖酸肥料的主要原料。

第二节 有机肥替代方法与成效

一、有机肥在减肥技术中的作用

我国自古代直至20世纪70年代，农业生产上所用的肥料主要靠有机肥料，基本保持了水稻和小麦单位面积产量的稳定，并有缓慢的增加。20世纪中期，因为化肥的推广应用，有机肥的地位日益下降。我国1949年有机肥施用占肥料施用总量的比例为99.9%，1957年为91.0%，1965年为80.7%，1975年为66.4%，1980年降为47.1%，1985年为43.7%，1990年为36.7%，2000年为31.4%，

2003 年为 25%。

2 000 多年来，有机肥对维护地力起了巨大作用。20 世纪初，美国中西部农田土壤发生明显退化，为寻找对策，1909 年美国著名土壤学家 King 对中国、朝鲜、日本的农业进行了考察，并于 1911 年出版了《四千年的农民：中国、朝鲜和日本的恒久农业》一书，总结了有机肥（包括绿肥）在维持土壤质量和农田生产力方面的重要作用。

世界上最早开展有机肥科学实验研究的是英国人鲁茨（John Bennet Lawes）。早在 1837 年他便采用盆栽试验研究了有机肥对土壤和作物产量的影响，随后又开展了田间试验的探索。其研究结果直接催生了他 1842 年利用骨粉和硫酸生产磷肥，并与吉尔贝特（Joseph Henry Gilbert）一起于 1843 年建立了著名的英国洛桑试验站（Rothamsted Experimental Station）。该站迄今已 170 多年，长期定位研究有机肥与化肥连续施用对土壤和作物产量的影响。1852 年开始的 Hoosfield 长期定位试验结果表明，连续每年施用 35t/hm² 的厩肥，土壤氮含量增加 1 倍以上。大量长期实验结果表明，有机肥施用可增加土壤有机质，进而显著增加土壤的矿化氮，作物产量增加明显。但很多长期试验结果也表明，有机肥和化肥对作物均有极好的增产效果和持续的增产作用，二者间产量无显著差异，而化肥和厩肥配合无论是近期还是长期都可取得较高的产量和经济效益。

我国科学家对各种有机肥料及肥效开展了大量研究。早在 20 世纪 30—40 年代，陈尚谨等人便在华北开展了有机肥的调查与试验；陈恩凤、彭家元等在四川开展了有机肥施肥技术研究；黄瑞采、裴保义等用复因子设计，对人粪尿、堆肥和绿肥进行了长达 9 年的稻田施肥试验。20 世纪 50 年代以来，我国有关单位与科学家对各种有机肥在不同土壤与作物上开展了大量研究，尤其是 80 年代建立了全国性的肥料长期定位试验网，包括中国科学院的 CERN、中国农业科学院的全国肥料试验网等。如中国农业科学院土壤肥料所从 1980 年开始，在全国 135 个定位试验点上进行了 5 年以上的有机肥肥效试验研究，结果表明，有机肥增产效果有逐年增加的趋势，且有明显的残效。我国 100 多个 5 年以上的定位试验研究表明，施用有机肥与不施有机肥比较，平均增产率为 12.8%。国内外大量研究结果表明，合理施用有机肥料不仅可以增加土壤有机碳含量，改善土壤物理结构，增加土壤 CEC、保水能力、渗透性，提高土壤 N、P、K、Ca、Mg、S 及其他微量元素含量，促进土壤微生物活动，改善土壤微生物群落结构，提高土壤肥力，改善农产品品质。有机肥和无机肥料配合施用效果更佳，还可以提高化学肥料的利用率。吨粮田能够连续 17 年(1974—1990 年) 维持养分平衡，其关键在于有机肥和化肥配合施用，并在化肥中再进行 N、P、K 适当配比。1985—1990 年，经粮、油、果、菜、烟、茶等 20 多种作物 30 多项有关品质指标的分析研究表明，有机肥与化肥养分平衡配合施用均不同程度提高了所有供试作物的产品品质。

　　绿肥在土壤培肥上显示了独特的功效，也称为"生物氮肥"。通过浙江省 2009~2015 年的连续绿肥种植分析，及综合各地的田间观察及田间试验结果，绿肥还田可在作物生长当季矿化，提供部分矿质养分，在减少化肥用量的条件下，没有影响水稻的正常生长。尤其是在水稻生育后期，绿肥还田改善了土壤的养分持续供应，可以在不施穗肥的情况下，维持水稻生育后期植株的光合作用，延缓衰老。紫云英单播或与黑麦草混播还田，在促进前期生长、增加有效分蘖、提高成穗率的同时，主要是通过提高水稻结实率、改善千粒重等产量性状获得增产。从土壤分析结果看，连续 2 年实施紫云英或紫云英与黑麦草混合还田后，土壤有机质出现增加趋势，与常规施肥比较，各处理土壤有机质含量增加 0.5~4.0g/kg，平均增加 1.4g/kg，增幅为 5.9%。对土壤碱解氮的影响效果不明显，速效磷与速效钾有明显增加的趋势，尤其是紫云英与黑麦草混合还田。紫云英单播或与黑麦草混播还田，化肥 N 投入量比常规施肥减少 10%~35%，P_2O_5 减少 10%~35%，K_2O 减少 15%~75%，改变了有机与无机营养的投入结构，生态效应极其显著。紫云英还田或紫云英与秸秆配合还田，由于减少了化肥速效性无机氮的施用量，在施用基肥和追肥后的氨挥发损失量均较低。从整个水稻生育期氨挥发损失总量分析，全化肥处理整个生育期氨挥发总量为 37.58 kgN/hm²，是氮肥投入量的 16.7%，施用紫云英等有机肥后，氨挥发总量下降 7.75~20.6kg/

hm^2，减幅为 20.6%~54.7%，其中以紫云英单独还田的效果最为明显，秸秆还田效果稍差，表明有机物料与化肥的配合施用，对减少稻田系统的氨挥发损失、提高氮素利用率、保护生态环境具有重要作用。水稻生长期间稻田田面水无机氮（氨态氮和硝态氮）流失量与纯化肥处理相比，紫云英+商品有机肥处理减少 44.3%，紫云英还田处理减少 41.5%，商品有机肥处理减少 36.1%，紫云英+秸秆处理减少 34.7%，秸秆还田处理减少 27.7%；稻田径流水溶解态磷与纯化肥处理相比，商品有机肥处理可减少 36.9%，紫云英还田可减少 30.8%，紫云英+商品有机肥可减少 30.3%，紫云英+秸秆可减少 21.9%，秸秆还田可减少 13.0%；稻田无机氮渗漏量与纯化肥处理相比，施用商品有机肥可使渗漏水无机氮素浓度下降 28%，其他有机物料处理下降 35%~43%，在烤田期，有机物料处理后的稻田渗漏水无机氮浓度仅为化肥处理的 16%~50%，采用不同有机物料还田均可不同程度降低水稻生育期的土壤氮素渗漏损失；稻田渗漏水中溶解态磷在整个水稻生育期呈下降趋势，与纯化肥处理相比，有机物料的投入在水稻生长前期降低了稻田渗漏水的溶解态磷浓度，尤其以秸秆和紫云英的投入降低稻田渗漏水溶解态磷浓度最为明显。

从土壤培肥效果看，绿肥还田和秸秆还田总体上对土壤肥力提高效果好于单纯施用商品有机肥。而且由于有机肥部分替代了化肥，使化肥用量比常规施肥减少 17.3%~33.0%，对控制农业面源污染具有重要意义。

二、有机肥对土壤环境和健康质量的影响

自 20 世纪 90 年代以来，因系列环境问题的日益凸显，国内外研究的关注点逐渐转移到大量施用有机肥对温室气体排放的影响，有机肥中氮、磷在土壤中的积累、迁移、淋溶风险及其对水体富营养化的贡献，有机肥中重金属、抗生素、动物激素及环境激素、病原生物、抗性菌及抗性基因等对土壤、水体、农产品质量安全和人体健康的影响。现在的有机肥已与传统意义的有机肥在组成上有着巨大差别，规模化养殖场畜禽粪中 P、K、Cu、Zn、As 等元素和抗生素残留量明显高于农户家庭小规模养殖的畜禽粪，同 90 年代相

比，规模化养殖畜禽粪中不仅 N、P 含量显著提高，有害重金属含量也大幅度增加，因此，有机肥进入农田对土壤环境质量和健康质量会产生显著影响，其农用的环境与健康风险不容忽视。

1. 引起土壤质量退化

传统的观念认为有机肥对土壤质量均是正向作用，有机肥可减缓土壤板结、阻止土壤次生盐渍化，但有机肥的不合理施用也会造成土壤质量退化。《陈旉农书·粪田之宜篇》第一次记载了我国古代农民"用粪犹用药"的施肥理念，提出有机肥须合理施用。规模化养殖场的畜禽粪，尤其是鸡粪含有较高的盐分和 Na 离子，如果过量施用，则会有土壤次生盐渍化的风险，使土壤板结。根据 Moral 等人的研究结果，当畜禽粪施用量达到 7~10t/(hm²a)，农田土壤的 Na^+ 和 Cl^- 负荷可达 415kg/hm²，可致西班牙东南部半干旱地区土壤产生显著的次生盐渍化风险。王辉等人的研究表明，在目前的有机肥施用状况下，畜禽粪便农用对露天土壤没有显著的土壤次生盐渍化风险，而对于温室大棚土壤而言，在高施肥量下次生盐渍化风险较大，可严重影响农作物的生长。而目前蔬菜等经济作物上有机肥施用量普遍较高，例如，山东寿光等地大棚蔬菜地土壤有机肥年施用量最高达 240t/hm² 鲜粪，有机肥带来的土壤次生盐渍化风险不容忽视。

2. 重金属

20 世纪 90 年代后期，人们开始关注畜禽粪中有害重金属的问题。粪肥中常含大量的 Cu、Zn、Cd、Pb、Cr、As，畜禽粪农用是土壤与环境中重金属的重要来源之一。笔者于 2002 年对江苏省规模化畜禽养殖场畜禽粪中重金属开展了调查，结果与国外类似，Cu、Zn是主要污染物，与饲料中的重金属含量分布有较强的相关性，随后针对不同区域和尺度的调查研究工作相继展开，对我国规模化养殖畜禽粪的重金属污染状况有了初步的认识。有研究表明，英格兰与威尔士地区农业土壤中 Zn、Cu 的主要来源之一是畜禽粪农用，占到农业土壤 Zn、Cu 总输入量的 37%~40%、8%~17%。估计中国畜禽粪便农用输入农田土壤的 Cu、Cd、Zn 分别占到总输入量的 69%、55% 和 51%。因此，畜禽粪的大量长期施用，会造成土壤重金属的积累，进而威胁农产品的质量安全。长期施用猪粪明显地增加了糙米中镉含量，并超过国家卫生标准。

3. 抗生素与激素

1999~2000 年美国地质勘探局（USGS）在全美 39 个州 139 条河流中进行的调查结果显示，水环境中广泛存在药品和个人护理用品污染物（PPCPs）。48% 的样品中检出抗生素，在检出的 95 种有机化合物中包含了 22 种抗生素，其中大部分为兽用或人兽共用抗生素，如大环内酯类、四环素类及磺胺类抗生素等。自此，抗生素在环境中的残留及其化学行为日益引起重视。

目前，世界上大约 50% 的抗生素应用于养殖业，而 40%~90% 的药物又通过粪便排泄出来。因不同畜禽种类、不同地区的管理水平差异，畜禽粪便样品中可检测到的抗生素残留浓度变化范围较大。国内有关研究单位也对畜禽粪中的抗生素残留进行了初步调查，表明部分畜禽粪样品中抗生素残留，尤其是四环素类抗生素很可能对生态环境中的微生物群落造成一定影响。研究表明，某些抗生素可在施用粪肥的土壤中长期持留，并对某些作物生长造成影响。张慧敏等人对浙北地区畜禽粪便和农田土壤中四环素类抗生素残留测定表明，施用畜禽粪肥农田表层土壤土霉素、四环素和金霉素的平均含量分别为未施畜禽粪肥农田的 38 倍、13 倍和 12 倍。粪肥中的抗生素进入土壤，对抗性菌的发展可能有一定的影响。除抗生素外，畜禽粪中还含有相当数量的天然动物雌激素，包括 17α–雌二醇、17β–雌二醇、雌激素酮、雌激素三醇、雌马酚及其代谢中间体。这些物质在粪便堆放过程中不易降解，可随粪肥农用进入农田与水体。此外，粪肥中还含有一些被称为环境激素（内分泌干扰物质）的持久性有机污染物，如有机氯农药、多环芳烃等，对土壤和水体环境也可能带来一些环境风险。

4. 病原生物

全世界约有 250 多种人畜共患疾病，我国有 120 多种。畜禽粪便中的病原生物主要包括细菌、病毒、原生动物和蠕虫等。通过粪便可传染人的病原微生物超过 150 种，主要为大肠杆菌、沙门氏菌等肠道细菌及一些病毒等。当畜禽粪便未经处理或无害化不完全，其所含的病原微生物在土壤中积累可能对水环境、人类健康甚至生命造成威胁。这些病原体可在土壤中生存较长时间，其中，沙门氏菌被认为在土壤中的存留时间较长，报道的最长达 300 天以上。蛔虫卵在土壤适宜条件下可存活 1 年，在 40~60cm 土壤深处的虫卵可存活 2 年或更长的时间。病原体在土壤中的生存时间长短，与土壤及环境因子如土壤质地、pH 值、盐度、有机质、氧化还原电位、耕作方式、温湿度、光照、紫外线强度及土著微生物等有关。病原生物随粪肥进入土壤后，还可以进一步侵入植物体内，污染作物可食部分，威胁食品质量安全。如大肠杆菌 O_{157} ：H_7 可以经灌溉水或土壤进入植物体内。

5. 抗性菌及抗性基因

随着抗生素的广泛使用，抗生素的耐药问题渐渐暴露出来，2010 年在英国和印度发现超级细菌 NDM-1，使细菌耐药性问题再次成为全球关注的热点。由于抗生素在养殖业中广泛和不规范使用，畜禽粪中抗生素抗性细菌、抗性基因已经成为令人关注的新兴污染物。

大量研究结果表明，沙门氏菌属的多重耐药率已从 20 世纪 90 年代的 20%~30% 增加到了 21 世纪初的 70%，随着时间的推移，其耐药率仍将大幅上升，耐药谱也将不断增宽。潘志明等人对 1962—1998 年间分离保存的 325 株鸡白痢沙门氏菌进行的研究结果表明，随着时间的推移，菌株对 16 种抗生素的耐药性呈现不同程度的上升趋势，菌株多重耐药性的上升趋势更加显著，20 世纪 60 年代菌株几乎没有多重耐药性，70 年代四耐、五耐菌株居多，80 年代则五耐、六耐、七耐菌株占绝大多数，90 年代七耐以上菌株的比率接近90%。朱力军对 50 株动物源性大肠杆菌的测定结果也表明，菌株对15 种供试抗生素的耐药性随时间的推移呈现不同程度的上升趋势，20 世纪 50 年代的大肠杆菌分离株对 15 种抗生素均敏感，60 年代的分离株对链霉素、四环素产生抗药，70 年代的分离株对氨苄西林、氯霉素、磺胺甲基异唑、四环素、链霉素、甲氧苄胺嘧啶 6 种抗生素产生耐药，80—90 年代的分离株对阿莫西林/奥格门丁、庆大霉素、卡那霉素、萘啶酸、头孢噻吩、氨苄西林、氯霉素、磺胺甲基异唑、四环素、链霉素、甲氧苄胺嘧啶 11 种抗生素产生抗药。Yang

等人研究了 89 株猪源大肠杆菌对 19 种抗生素的抗药性，结果 8 耐菌株为 100%，11 耐菌株占到 86%，还有 2% 的菌株对所有 19 种供试抗生素完全耐药。朱小玲等人研究了来自医院和不同养殖场的 712 株大肠杆菌分离株对 15 种抗生素的敏感性。结果表明，肉鸡场和医院大肠杆菌平均抗药性频率较高，分别达到 81.27% 和 59.59%，多数表现为对 12~13 种抗生素的抗性，个别菌株对 15 抗生素均表现为抗性；猪场次之，平均抗药性频率为 52.71%，对 5 到 14 种抗生素均有抗性，比较集中在 9~10 抗；奶牛场最低，平均抗药性频率为 18.72%，大部分菌株集中在 1 抗和 2 抗。此外，动物的抗药性程度和抗药谱与饲养员的相关性显著，表明抗药性菌株可以通过环境和食物链在不同宿主之间传播。Sengeler 等人测定了从施加猪粪的农田土壤中分离的细菌对四环素、大环内脂类和链霉素的抗性，结果发现土壤细菌的四环素抗性水平可以在短期内因猪粪的施用而上升，而且可以随着猪粪施用量的增加而增加。Schimitt 等人的研究表明，猪粪对土壤中四环素及磺胺类抗性基因的多样性具有明显影响，施肥后土壤中抗性基因数量明显增加，且一些抗性基因是原来土壤所没有的，而是猪粪中特有的，证明这部分抗性基因是由于施用猪粪而带入的。养猪场周边土壤的分析结果显示，抗性基因 tet（W）、tet（T）、tet（M）、tet（O）为猪场土壤中的优势抗性基因，其中 tet（W）的含量高达到 2.16×10^8 拷贝/g（干土），比含量最低的 tet（B/P）高出约两个数量级。朱永官等人研究表明，施用粪肥的土壤中有 63 种抗性基因，丰度显著高于没有施用粪肥的土壤；同时，抗性基因的丰度与环境中抗生素和砷、铜等重金属浓度显著正相关，表明砷、铜等重金属和抗生素的复合污染可以增加环境中抗性基因的丰度。Ji 等人也得到了类似的结论。这些抗性基因在土壤中可发生基因水平扩散，从而将抗性基因从游离 DNA 分子转移到完整的细菌体内，使该细菌获得抗性。Neilsen 等人研究表明，土壤养分不仅可增强细菌的基因转移能力，还能诱导细菌的转化能力，因此农田环境可能更有利于细菌耐药性的扩散。

6. 土壤 N、P 积累与淋失

英国洛桑试验站长期定位试验的监测结果表明，有机肥的施用会导致土壤中硝态 N 的积累，增加向水体淋失的风险。随后，大量的研究表明，过量有机肥的施用会直接导致 NO_3^- 态 N 和 P 在土壤中的积累，并且随着施肥年限的增加而积累加剧，增加向水体的淋失。庄远红等人研究结果表明，增施有机肥提高了淋洗液 DOP 占 DTP 的比例，促进土壤 P 的淋失，TP、DTP、DOP 的累积淋失量随着有机肥的用量比例升高而增大，当超过一定值后会导致农田磷的环境风险。

7. 土壤温室气体排放

有机肥强烈影响农田土壤的碳氮转化。由于有机肥、土壤的类型不同，性质各异，而有机肥的施用方式、施用量也不相同，加之研究的环境条件不一样，有机肥施用对土壤温室气体排放的影响研究结果差异较大。近年来大量的研究表明，施用有机肥料，尤其是未经腐熟的有机肥料如作物秸秆、新鲜绿肥、未经腐熟的厩肥，可强烈促进农田 CH_4 和 N_2O 等温室气体的排放。长期施用厩肥的土壤也可能是 N_2O 的重要排放源，充足的碳源同时并存，将大大促进土壤中的反硝化过程。

Speir 等人研究报道有机碳加入土壤 N_2O 生成量增加的可能原因是提高了反硝化速率。一些研究结果表明有机肥施用增加了土壤 N_2O 排放，而有些研究结果显示，与施用尿素相比有机肥施用可减少土壤 N_2O 排放。邹建文等人研究结果表明，N_2O 排放与施用的有机肥 C/N 比有显著相关性。陈苇等人研究表明，猪粪和沼气渣的施用分别提高稻田 CH_4 排放量 22.14% 和 4.40%。双季稻田猪粪替代部分化学氮肥较全部施用化学氮肥增加了双季稻田 CH_4 和 N_2O 排放。有机肥种类和数量的不同影响了其施用后的 CO_2 和 CH_4 的平均通量，施用有机肥增加了土壤 CO_2 的排放。与单施化肥比较，有机肥单施，以及有机肥与化肥配施，可增加土壤 CO_2 和 CH_4 的排放，但化肥配施秸秆与化肥配施猪粪下稻田生态系统 CH_4 和 CO_2 的排放没有显著差异。

三、有机替代的方法

在现代农业生产中，有机肥料的施用不仅直接关系到土壤质量、农作物的产量和品质、水体和大气环境质量，而且它还是种植业与养殖业之间的重要纽带，对促进农田生态系统和生物圈中的物质循环与能量转化也有重要作用。有机肥种类繁杂，性质各异，为了充分发挥有机肥的正向作用而尽量减少其负面影响，我们必须对各种有机肥的特性、在土壤中的转化过程及其对土壤、环境质量和农作物的影响有较清晰的了解，从而制定科学的施用规范。

1. 合理的比例

有机替代是部分替代，而不是全量替代，有机无机要有合理的比例。化肥在粮食供给和农产品数量保障上作出了重大贡献，特别是我国人多耕地少，粮食安全和农产品供应是政府的头等大事，是列入政府专项考核的，粮食安全实行书记负责制，"菜篮子"实行市长负责制。合理利用化肥，使我国的粮食产量从解放前的100kg/亩多提升到500kg/亩多，部分高产田达到了1 000kg/亩，有效地解决了吃粮问题，也使我国从粮食缺口国逐步实现自给自足。在目前的情况下，粮食产量虽然实现了"十一连增"，但粮食安全仍然是政府所关注的，放松不得。粮食作物在生长过程中需求的养分较多，单靠施用有机肥是不能满足作物生长需要的，也不能实现产量的最大化，同时由于土壤养分的不及时补充，容易产生土壤的贫瘠，不利于农业的可持续发展。为满足作物生长、实现农业的可持续发展，肥料的有机、无机养分投入必须要有一个适宜的比例，用有机肥部分替代化肥，一方面实现化肥的减量，另一方面确保农产品的有效供给和农业的可持发展，一般有机无机的比例以6:4或5:5比较适宜。

2. 施用的数量和方法

有机肥要科学、合理施用，掌握量和方法，不是盲目、无限量的投入。有机肥不是没有污染，过量施用有机肥造成的污染不比化肥少，有机肥的污染是多方面的，包括氮、磷养分，抗生素、重金属和病原菌。从我们田间的观察，通过大量使用商品有机肥，土壤的次生盐渍化、表层富营养化等土壤障碍越来越严重。另外对土壤的重金属也有累积效应。分析杭州市富阳区有机肥不同施用量的田间监测数据，比较不施用肥料的空白小区，其土壤中的重金属含量均在下降，特别是铜、锌、镉、汞下降幅度较大；而随着商品有机肥施用量的加大，铜含量负增长幅度减少，而重金属镉、砷指标则随着有机肥施用量的增加而增加。分析原因，土壤中镉、砷含量的变化可能是由于商品有机肥增加，土壤降解不了而增加了镉、砷的含量，而铜、锌作为一种微量营养元素，在作物的生长过程中，作物增加了吸收，导致土壤中的含量下降，但随着商品有机肥施用量的增加，作物自然吸收量达到饱和后，其吸收水平也下降，导致其随着商品有机肥施用量增加而降幅下降（图 3-1）。

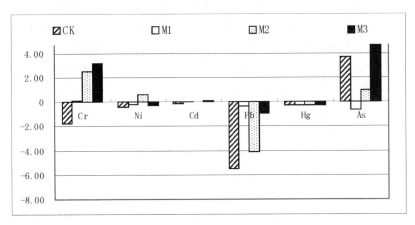

图 3-1 商品有机肥不同施用量对土壤重金属含量变化的影响

作物秸秆是很好的有机肥，但如果不合理地还田，将严重影响下季作物的生长。因为秸秆主要是纤维素，含碳量较高，作物秸秆还田后进行腐解要有适宜的 C/N 比，若 C/N 高，秸秆分解中要夺取施入的氮肥或土壤中的氮肥，导致作物缺氮而生长不良，因此为满足作物生长，还得适当增加氮肥的用量。秸秆在淹水条件下腐解将释放大量的有机酸，导致作物有机酸中毒，严重影响根系生长，因此要适当落干，提高土壤的供氧量，加大有机酸分解，减轻有机酸危害。

绿肥是一种养分完全的生物肥源，但因其鲜叶生物量大，还田时的成本高，同时还田时要给予下茬作物种植留有足够的绿肥腐熟时间。只有腐熟较完全的情况下，开始种植下茬作物，才能不影响下茬作物的生长。作物布局时间紧，没有足够的腐熟时间，在鲜叶还田时应采取一些田间管理措施，如增加氮、磷肥，促进绿肥腐熟；种植作物后，适时干干湿湿，增加土壤的氧气，改善土壤环境，减轻有机酸等还原性物质的危害。

考虑化肥减量水平及有机肥当季利用率前提下，计算有机肥的投入量。要根据生产需要及化肥减量的要求，来确定有机肥的投入量。一般化肥减量以减少氮肥施用为主，在土壤磷、钾供应水平较高的情况下，也可考虑磷、钾的减量，以确保作物产量与前3年持平的前提下，一般当季的减肥水平以15%~20%为宜。如减肥水平太高，可能影响作物产量，达不到稳产的要求，化肥减量的意义就没有了，化肥减量不能以减产为代价。有机肥的当季利用率一般在30%左右，因此，在折算有机肥养分时，不能算入有机肥的全部养分，只有当季能利用的养分才能替代化肥。

建立有机替代模式，要根据有机肥、作物、土壤等因素科学选择。由于作物生长季节有长短，有机肥种类繁多，加之土壤、地貌类型的不同，我们在实施有机替代时，要根据作物种类、土壤类型及所处的地形地貌来确定有机肥种类、代替模式。

（1）果园。大部分果园以山坡地开发而成，土层浅薄、保水、保土、保肥能力相对较弱，土壤养分不均衡，有机质、速效钾、钙、硼和锌缺乏，且种植栽培结构单一，有机肥投入不足，导致部分果品产量和品质下降。因此我们在推行有机替代的方向为：基肥以有机肥为主，采用有机无机相结合；有机肥深施，化肥浅施；适量补充中微量元素肥料，推广果园套种绿肥。采用4种技术模式。

一是"有机肥+配方肥"模式。在畜禽粪便等有机肥资源丰富的区域，鼓励种植大户和专业合作社集中积造堆肥，在城区近郊果园提倡商品有机肥的施用，以有机肥替代部分化肥，减少化用量。同时结合测土配方施肥技术应用，加大水果配方肥的应用（图3-2）。

二是"果—沼—畜"模式。在果园集中产区，依托种植大户和专业合作社，与规模养殖相对接，建立大型沼气设施，将沼渣、沼液施于果园（图3-3）。

图 3-2　商品有机肥与配方肥的合理施用模式

图 3-3　沼液贮蓄与果园施用沼液模式

　　三是"有机肥+水肥一体化"模式。在水肥条件较好的果园，增施有机肥的同时，推广水肥一体化技术，提高水肥利用效率（图3-4）。

图 3-4　有机肥施用与水肥一体化模式

四是"自然生草+绿肥"模式。在水热条件适宜区域，通过自然生草或种植绿肥覆盖土壤，减少裸露，防止水土流失，培肥地力（图3-5）。

图3-5 果园生草与绿肥套种模式

（2）菜地。近年来蔬菜生产呈规模化、集约化趋势，连作复茬现象普遍存在，长期单一施用无机肥或过量施用有机肥均会加重土壤酸化、次生盐渍化，影响蔬菜的生长、降低蔬菜的品质。同时，随着城镇化的不断推进，传统蔬菜基地逐渐外移，新增菜地的土壤肥力较弱。有机替代的方向是：多施基肥（腐熟的有机肥），适当配施改良土壤酸化的环保型土壤调理剂或生物调酸剂。采用3种技术模式。

一是"有机肥+配方肥"模式。整地时，深耕划锄，施用以畜禽粪便为主要原料的商品有机肥或生物有机肥，针对不同蔬菜种类，适时适量推广配方施肥，减少化肥用量。

二是"畜—沼—菜"模式。在蔬菜集中产区，依托种植大户和专业合作社，与规模养殖对接，建立大型沼气设施，将沼液、沼渣作为优质有机肥料施于蔬菜，培肥土壤，提升地力（图3-6）。

图 3-6　畜—沼—菜模式

三是"有机肥+水肥一体化"模式。在增施有机肥的同时，推广水肥一体化技术，重点是推广滴灌、微喷等技术，提高水肥利用效率。

（3）茶园。茶园大部分处于丘陵山地，土壤相对贫瘠，有机质、全氮、速效钾含量偏低，地表径流现象比较突出。有机替代的方向是：以有机肥为主，有机肥与无机肥相结合，新植茶园可采用种植绿肥或秸秆覆盖还田。采用 4 种技术模式。

一是"有机肥+配方肥"模式。增施有机肥为主，可施用禽畜粪便、菜籽饼等有机肥，配合推广配方使，减少化肥用量。

二是"茶—沼—畜"模式。在茶叶集中产区，依托种植大户和专业合作社，与规模养殖相配套，建立大型沼气设施，将沼渣、沼液施于茶园。

三是"有机肥+水肥一体化"模式。在增施有机肥的同时，推广水肥一体化技术，提高水肥利用效率。

四是"有机肥+机械深施"模式。在水肥流失较严重茶园，推进农机农艺结合，因地制宜推广有机肥机械深施等技术，提高肥料利用效率。

（4）水稻。水稻的有机替代方向主要有两种模式：一是冬绿肥与水稻轮作，冬绿肥采用压青还田或老熟还田；二是增加商品有机肥施用或采用沼液灌溉还田。一般商品有机肥年施用量为 1t，沼液还田量为 150 t（图 3-7、图 3-8）。

图 3-7　紫云英与水稻轮作模式

图 3-8　沼液灌溉面积与商品有机肥施用模式

第四章 施肥方式与化肥减量施用增效

第一节 肥水耦合技术的基本原理与主要特点

肥水耦合技术，即水肥一体化技术，指在水肥的供给过程中，最有效地实现水肥的同步供给，充分发挥两者的相互作用，在给作物提供水分的同时最大限度地发挥肥料的作用，实现水肥的同步供应。肥水一体化技术狭义上讲就是把肥料溶解在灌溉水中，由灌溉管道输送给田间每一株作物，以满足作物生长发育的需要。如通过喷灌及滴灌管道施肥。广义上讲，就是水肥同时供应以满足作物生长发育需要，根系在吸收水分的同时吸收养分。

肥水耦合技术也称为灌溉施肥技术，是将灌溉与施肥融为一体的农业新技术，是精确施肥与精确灌溉相结合的产物。它是借助压力系统（或地形自然落差），根据土壤养分含量和作物种类的需肥规律和特点，将可溶性固体或液体肥料配对成的肥液，与灌溉水一起，通过可控管道系统均匀、准确地输送到作物根部土壤，浸润作物根系发育生长区域，使主要根系土壤始终保持疏松和适宜的含水量。

肥水耦合技术是现代种植业生产的一项综合水肥管理措施，具有显著的节水、节肥、省工、优质、高效、环保等优点。

节水。水肥一体化技术可减少水分的下渗和蒸发，提高水分利用率。传统的灌溉方式，水的利用系数只有 0.45 左右，灌溉用水和一半以上流失或浪费了，而喷灌的水利用系数约为 0.75，滴灌的水利用系数可达 0.95。在露天条件下，微灌施肥与大水漫灌相比，节水率达 50% 左右。保护地栽培条件下，滴灌施肥与畦灌施肥相比，每亩大棚一季节水 80~100m³，节水率为 30%~40%。

节肥。利用水肥一体化技术可以方便地控制灌溉时间、肥料用量、养分浓度和营养元素间的比例，实现了平衡施肥和集中施肥。与手工施肥相比，水肥一体化的肥料用量是可量化的，作物需要多少施多少，同时将肥料直接用于施于作物根部，既加快了作物吸收养分的速度，又减少了挥发、淋湿所造成的养分损失。水肥一体化技术具有施肥简便、施肥均匀、供肥及时、作物易于吸收、提高肥料利用率等优点。在作物产量相近或相同的情况下，水肥一体化技术与传统施肥技术相比可节省化肥 40%~50%。

减轻病虫害发生。水肥一体化技术有效地减少了灌水量，和水分蒸发，降低了土壤湿度，抑制了病菌、害虫的产生、繁殖和传播，在很大程度上减少了病虫害的发生。因此，也减少了农药的投入和防治病害的劳力投入，与传统施肥技术相比，利用水肥一体化技术每亩农药用量可减少 15%~30%。

节省劳动力。水肥一体化技术是管网供水，操作方便，便于自动控制，减少了人工开沟、撒肥等过程，因而可明显节省劳力；灌溉是局部灌溉。大部分地表保持干燥，减少了杂草的生长，也减少了用于除草的劳动力；由于肥水一体化技术减少病虫害的发生，减少了用于防治病虫害的喷药劳动力；水肥一体化技术实现了种地无沟、无渠、无埂，大大减轻了水利建设的工程量。

增加产量、改善品质，提高经济效益。水肥一体化技术适时、适量地供给作物不同生育期生长所需的养分和水分，明显改善作物的生长环境条件，因此，可促进作物增产，提高农产品的外观品质和营养品质；应用水肥一体化技术种植的作物，生长整齐一致，定植后生长恢复快、提早收获、收获期长、丰产优质、对环境气象变化适应性强等优点；通过水肥的控制可以根据市场需求提早供应市场或延长供应市场。

便于农作管理。水肥一体化技术只湿润作物根区，其行间空地保持干燥，因而即使是灌溉的同时，也可以进行其他农事活动，减少了灌溉与其他农作的相互影响。

改善微生态环境。采用水肥一体化技术除了可明显降低大棚内的空气湿度和棚内温度外，还可以增强微生物活性。滴管施肥与常规畦灌施肥技术相比，地温可提高2.7℃，有利于增强土壤微生物活性，促进作物对养分的吸收；有利于改善土壤物理性质，滴灌施肥克服了因灌溉造成的土壤板结，土壤容重降低，孔隙度增加，有效地调节土壤根系的水渍化、盐渍化、土传病害等障碍。

减少对环境的污染。水肥一体化技术严格控制灌溉用水量及化肥施用量，防止化肥和农药淋洗到深层土壤，造成土壤和地下水的污染，同时可将硝酸盐产生的农业面源污染降低到最低程度。此外，利用水肥一体化技术可以在土层薄、贫瘠、含有惰性介质的土壤上种植作物并获得最大的增产潜力，能够有效地利用开发丘陵地、山地、砂石、轻度盐碱地等边缘土地。

第二节　肥水偶合技术施肥体系的建立

水肥一体化技术在农业生产上推广应用，要讲究客观规律，科学的方法，做到合理规划，精心布局，因地制宜，正确规范操作，使作物增产增收。

一、选择适宜的微滴管设施

水肥一体化技术是借助于灌溉系统实现的，要合理地控制施肥的数量和浓度，必须选择合适的灌溉设备和施肥器械。常用的设施灌溉有喷灌、微喷灌和滴灌。

而微喷灌和滴灌简称为微灌。微灌是一种更加先进和精确的灌溉系统，是根据农作物的需水要求，通过低压管道系统和安装在末端管道上的特制灌水器，将水和作物需要的养分以较小的流量、均匀准确地直接输送到农作物根部附近的土壤表面或土层中。在具体操作上，要根据地形地貌、种植条件、经济基础等选择适宜的微滴管设施。

二、采集相关信息

1. 项目实施单位的信息采集

微滴管设施建设单位在构建方案时要与项目实施单位充分沟通，了解实施单位计划栽培的作物品种以及种植面积，种植形式和管理模式；这些信息关系到管网布局和灌溉方案的确定，不同的经营模式，其生产管理方式不同，水肥灌溉设计要根据栽培管理模式并结合设计原则来确定，这样才能做到水肥一体化设施投资经济实惠，使用便捷又高效。

另外要根据实施单位的投资意向、投资人文化素质来确定方案。针对科技示范型的，因其注重的是科技示范推广作用，应体现技术的先进性和领先性，方案要考虑应用推广效果和"门面"效应。这类设计要讲究设备布局的美观，细节的把握，设计的科学性，在严格按照国家和行业的标准进行设计规划，做到合理规范。针对农场经营模式，以增产型为主要目标的，设计上要体现大农业的效益，做到统一管理，方便操作，设备使用寿命长，后续维护费用低，设备使用技术简单实用，受配药和肥料浓度等技术性因素影响小，使用者容易接受，而且要求能安全生产。针对省工型的，因其种植面积不大，10~20亩不等，投资者自己是主要劳动力，这种设计要简单化、尽可能降低成本，设备操作简单，性能稳定，划分轮灌区的原则是，1~2天之内完成施肥就可以。

2. 田间数据采集

田间现场电源是决定水肥首部设备选型的必备条件，因此要了解动力资料，包括现有的动力、电力及水利机械设备情况（如电动机、柴油机、变压器）、电网供电情况、动力设备价格、电费和柴油价格等。要了解当地目前拥有的动力及机械设备的数量、规格和使用情况，了解输变电路线和变压器数量、容量及现有动力装机容量等。了解气候、水源条件。当地气候情况、降水量等因素决定水源的供应量，因此要详细了解当地的气候状况，包括年降水量及分配情况，多年平均蒸发量、月蒸发量、平均气温、最高气温、最低气温、湿度、风速、风向、无霜期、日照时间、平均积温、冻土层深度等。对微灌系统的水质要进行分析，以了解水质的泥沙、污物、水生物、含盐量、悬浮物情况和 pH 大小，以便采取相应的措施。另外要了解水源与田间的距离，考虑是否分级供应，以及管道的口径设计。

3. 土壤地形资料

在规划之前要收集项目区的地质资料，包括土壤类型及容重、土层厚度、土壤 pH、田间持水量、饱和含水量、永久凋萎系数、渗透系数、土壤结构及肥力（有机质含量及肥力指标）等情况，地下水埋深和矿化度。对于盐碱地还包括土壤盐分组成、含盐量、盐渍化以及盐碱地情况。

项目区的地形特点好很重要，要掌握项目区的经纬度、海拔高度、自然地理特征等基本资料、绘制总体灌区图、地形图，图上应标明灌区内水源、电源、动力、道路等主要工程的地理位置。

4. 田间测量

田间测量是设计的重要环节，测量数据要尽量准确详细。要标清项目实施区的边界线，道路、沟渠布局，田间水沟宽、路宽都要测量，大棚设施要编号，标明朝向、间隔。

另外，还要收集项目区的种植作物种类、品种、栽培模式、种植比例、株行距、种植方向、日最大耗水量、生长期、耕作层深度、轮作倒茬计划、种植面积、种植分布图、原有的高产农业技术措施、产量及灌溉制度等。

三、水肥一体化技术示意图及技术流程

目前，生产上主要采用两种模式，如图 4-1 和图 4-2 所示。技术流程如下。

1. 设施准备与灌溉施肥参数设定（图 4-3）

2. 肥料选择、配制与注入（图 4-4）

3. 田间输送（图 4-5）

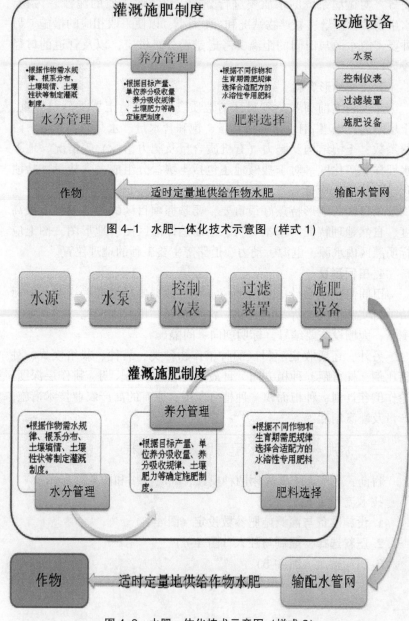

图 4-1 水肥一体化技术示意图（样式 1）

图 4-2 水肥一体化技术示意图（样式 2）

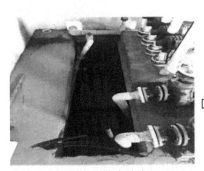

自建蓄水池取水。蓄水池容量 16m³。

采用 2 只 Kw 水泵，分区块控制，单次灌溉 20 个棚约 15 亩。

采用叠片式反冲洗过滤器组合。

调节灌溉施肥压力约 0.3KPa。

图 4-3　设施准备与灌溉施肥参数设定

选用 DOSATRON 比例注入
器，调节进肥比例 1%~2%。

根据作物需肥规律选择合适
本文水溶专用肥。

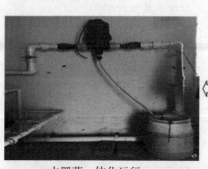

水肥药一体化运行。

按照重量比 1:2~1:4 配制肥料
母液或药液。

图 4-4　肥料选择、配制与注入

田间小区块水肥一体施肥。　　　　肥、药液通过输配水管网输送至田间。

通过滴灌管或滴灌带输送水肥至植株根部，顶部喷头进行叶面施肥和喷药。

图4-5　田间输送

四、田间喷滴灌水器的几种类型

在具体布置田间喷滴管时，要根据作物类型进行具体确定，不能采用一种模式包罗万象，目的就是能让根系尽快吃到水，吸收到营养。如图4-6所示，根据田间生产实际，选择了几种方法。

内镶式滴灌管

薄壁滴灌管

设施蔬菜或果树多采用内镶式滴灌管或薄壁滴灌带，出水孔间距10~30cm。

滴头式滴灌管

环状滴灌管

树间距较大、行列规则的露天果园采用滴头式滴灌管，出水孔间距150~200cm。

山地果园不规则行多采用环状滴灌管，出水孔间距50~100cm。

旋转式喷头

插入式滴箭

育苗或密植类作物采用旋转式喷头。

盆栽或部分基质栽培采用插入式滴箭。

图4-6　田间喷滴灌水器的几种类型

第三节　肥水耦合技术的生产应用与成效

不同作物水肥一体化施肥有不同的施肥模式，现以生产中已在实施的实例为主，介绍几种作物的水肥一体化技术应用与成效。

一、草莓全程水肥一体化

草莓为蔷薇科草莓属和多年生草本植物，外观呈心形，果肉多汁、鲜美红嫩，具有浓厚的特殊芳香，且富含营养，深受消费者喜欢，在浙江等地，草莓通常采用大棚温室栽培。草莓根系较浅，吸肥能力强，养分需求量大，而且对养分非常敏感，施肥不足或过多都会对草莓的生长发育和产量、品质带来不良影响。草莓生长初期吸肥量很少，自开花以后吸肥量逐渐增多，随着果实不断采摘，吸肥量也随之增多，特别是对氮和钾的吸收量最多。

草莓最终适宜用膜下滴灌或膜下微喷灌施肥，一般滴头间距20~30cm，流量1.5~2.5L/h，两行草莓间铺一条滴灌管，铺设长度不能超过100m；如采用微喷带，尽量选用小流量，喷水孔朝上安装，铺设长度不能超过50m。

水分管理。草莓的根系分布浅，需要频繁的灌溉来保证根区土处于湿润状态，湿润深度30cm。可以用简单的指测法来判断，即用小铲挖开滴头下的土壤，当土壤能抓捏成团或搓成泥条时，表明水分充足，捏不成团或散开表明干燥。通常滴灌每次灌溉1~2h，根据滴头流量大小确定；微喷带每次5~10min。切忌过量灌溉，淋失养分。田间一定要有排水沟，及时排走积水。

养分管理。一般草莓种植重视基肥，目标产量为1.5t/亩，每亩施腐熟有机肥1.0~1.5t，平衡型复合肥20~25kg，钙镁磷肥40 kg，定植后通过滴灌追施水溶肥。笔者以浙江省建德市新安江街道俊伟草莓专业合作社为例，建立了草莓全程水肥一体化技术模式如下。

1. 技术操作要点

模式的要点和施肥水平如图 4-7 所示。

草莓-水稻轮作，水稻秸秆还田。

整地前均匀撒施有机肥 1000kg/亩。

提苗肥：随水施高氮型水溶性肥 6kg/次，7 天一次，共 2~3 次。叶面喷施钙肥，10 天一次，共 2~3 次。

定植肥：随水施高氮型水溶性肥 5kg/次，水肥耦合，浓度≤0.5%。

促花肥：随水施高钾型水溶性肥 6kg，浓度≤0.5%。

膨果肥：随水施高钾型水溶性肥 6kg/次，间隔 15 天施用一次，共 2 次。

结果期施肥：随水施高钾型水溶性肥 6kg/次，间隔 15 天施用一次，施用 12~14 次。其中每花序采收结束，清除花茎老叶后，改施用氮钾平衡型水溶性肥，667m² 施用 6kg/次。叶面喷施钙肥，间隔 15 天一次。

图 4-7　草莓全程水肥一体化示意图

2. 实施成效

一是肥料减量明显。利用水肥一体化技术，草莓在保证产量的前提下，每亩施肥量 37~42kg（折纯，下同），比常规栽培减少用肥 12~17kg，减幅 29%~46%。

二是提质增效明显。调整草莓肥料氮磷钾结构比例，减少磷肥施用量，提高钾肥用量，草莓风味品质明显提高。草莓可溶性固形物、硬度水平明显提高，且果实光泽度好，市场售价高。

三是省工节本明显。采用水肥一体化管理，平均每人每日可施肥灌溉 22~32 亩，每亩单次施肥灌溉工本 5~7 元，较常规管理提高工效 5~8 倍，节约工本 30.5~32.5 元。水肥一体化后减少水分的下渗和蒸发，每亩单次用水量只需 2.2t，整个生产季节亩节水 80~120m³，节水率 40% 以上。

四是病虫害减轻。水肥一体化灌溉后大棚内空气湿度要比常规灌溉低 8.5~15 个百分点，改善了大棚内环境条件，减少了灰霉病、白粉病和螨类等病虫害发生率，减少了泥土和污水对果实的污染，有效减轻氨气、亚硝酸等有害气体危害，草莓清洁果率从原来的 80% 提高到 98%，产品更安全。

二、葡萄水肥一体化

葡萄是落叶的多年生攀缘植物，属葡萄科，喜光，在充分的光照条件下，叶片的光合效益较高、同化能力强、果实的含糖量高、口味好、产量高。水是葡萄的重要组成物质，在葡萄的枝、根、叶等含水量约占 50%，而果实的含水量则可达到 80%~85%。葡萄氮的吸收从萌芽开始，此时土温低，根系活动微弱，氮的吸收量小。新梢生长至开花期，吸收量明显增加。幼果期需要大量的氮素来合成蛋白质，以满足幼果膨大的需要。磷的吸收从树液流动开始，以后随着时间推移吸收量增加，新梢生长旺盛期至幼果膨大期吸收量达到高峰，硬核期吸收减少，进入成熟期就不再吸收。钾的吸收从萌芽开始到果实晚熟不断进行。临近开花时，茎叶中钾的含量明显增加，这里需要大量的钾肥。幼果膨大期至着色期，钾转移至果实，造成茎叶中的钾含量急剧下降，这是补给钾肥的关键时期。

葡萄最适合用滴灌施肥。通常一行葡萄铺设一条滴灌管，沙土滴头间距 30~40cm，流量 2~3L/h；壤土至黏土滴头间距 50~70cm，流量 1~2L/h。

水分管理。葡萄是深根系果树，肉质根发达，一般分布 0~80cm 的土层。在葡萄萌芽期至落叶前保持 20~80cm 的土层处于湿润状态。通常滴灌要维持 3~4h 膜下喷水带要维持 15~20min。通常可埋设两支张力计来监测土壤水分状况，一支埋深 20cm，一支埋深 60cm。当 20cm 的张力计读数达-15kPa 时开始滴灌，滴到 60 cm 张力计读数回零为止。另外一种简单方法是采用螺杆式土钻在滴水下方取土，通过指测法了解不同深度的水分状况，从而确定灌溉时间。

养分管理。通常生产 1t 葡萄浆果要带走 N 6.5 kg，P_2O_5 2.0 kg，K_2O 9.0 kg，以 2 吨目标产量计，每亩需施 N 13.0 kg，P_2O_5 4.0 kg，K_2O 18.0 kg。从萌芽、开花至幼果期占全年需氮量的 60%，果实发育至落叶前约占 40%。磷的吸收在新梢生长期及果实发育期最多。钾的吸收高峰主要在果实发育期至着色期，可以考虑 20% 的钾肥作基肥，80% 钾肥作追肥。南方葡萄易发生缺镁，可以考虑用 15.0 kg/亩作基肥，后期肥水一体化施肥时适当补充钙、镁肥。现以浙江省杭州市富阳区江藤生态农业开发有限公司的葡萄水肥一体化技术为例。

1. 技术操作要点

主要技术操作及施肥要点如图 4-8 所示。

2. 实施成效

一是肥料投入量减少，产量增加。应用水肥一体化技术，葡萄肥料投入量由原来的总纯量养分 133.55kg / 亩减少到 87.0kg / 亩，节省纯养分 46.5kg / 亩，节省肥料率 34.83%。亩产增加 205kg，增产率 25.63%。

二是节本、省工、增收。节省肥料成本 232.5 元 / 亩；亩减少施肥成本工 2 元，以每工 150 元计，亩省工 300 元；以每 kg 10 元计，亩产值增加 2050 元。合计采用水肥一体化技术后，亩增收 2582.5 元。

三是生态效益显著。水肥一体化技术不仅节水节肥，减少农业面源污染，还能有效降低设施内部的空气湿度和设施栽培土壤的盐分积累，减少病虫害发生，减少农药使用量和减缓土壤次生盐渍化，保持土地持续产出（图4-8）。

12—次年1月，整地施基肥，有机肥1000kg/亩，复合肥40kg/亩，硼砂2kg/亩；铺设滴灌管，检修系统，为水肥一体化管理做准备。

4月中旬至5月中旬，叶片旺盛生长期，随水施高氮含腐殖酸水溶肥1~2次，共10L。

膨果期开始至采收，随水施高钾配方含腐殖酸水溶肥4~5次，共45L。

图4-8　葡萄水肥一体化示意图

三、黄瓜全程水肥一体化

黄瓜根系分布较浅，主要分布在 0~30cm 的土层，根系密集，须根多。营养生长和生殖生长同步进行。适宜的灌溉方式有滴灌、膜下滴灌、膜下微喷带，以膜下滴灌应用最多。采用滴灌时，可用薄壁滴灌带，壁厚 0.2~0.4mm，滴头间距 20~40cm，流量 1.5~2.5L/h。黄瓜喜欢硝态氮、喜钾、喜钙，通常 $N:P_2O_5:K_2O=1:0.4:1.5$。进入营养生长和生殖生长后，是氮、磷、钾吸收的高峰期，即植株生长量与养分吸收量基本同步并呈正相关。

水分管理：从定植到采收末期保持根层土壤处于湿润状态，一般保持 0~40cm 的土层处于湿润状态。可以用指测法来判断。通常滴灌 1~2h/次，根据滴头流量大小来定，微喷灌 5~10min/次。切忌过量灌溉，淋失养分。

养分管理：生产 1t 果果要带走 N3.0 kg，P_2O_5 1.5kg，K_2O 4.0kg，$N:P_2O_5:K_2O=1:0.5:1.4$。氮的吸收幼苗期占 10%，开花结果期 40%，结果期占 50%；发育期吸钾达到高峰，在整个管理生育期，磷保持在相对稳定水平。现以浙江省萧山区勿忘农种业科学研究院的黄瓜水肥一体化技术为例。

1. **技术操作要点**（图 4-9）

2. **实施成效**

一是肥料投入减少，产量增加。应用全程水肥一体化技术，配合含腐殖酸新型环保水溶肥料应用，肥料投入由农民常规施肥纯量 63kg/亩减少至 49kg/亩，减少肥料投入纯量 14kg/亩，减少 29%。同时，产量达 7 500kg/亩，较农民常规 6 000kg/亩，产量增加 25%。

二是省工、节本。改变传统施肥方式，由人工撒施转变为机械化、自动化施肥，大大降低用工成本。可节省人工施肥成本 70%。

三是清洁生产，安全高效。采用水肥一体膜下滴灌施肥管理，生产环境清洁，可有效控制棚室内温湿度，减少病虫害发生，同时避免人工撒施追肥对果品的污染和损伤，安全高效。

定植前10~15d施有机肥500~800kg/亩，硫酸镁20kg。定植后随水滴施缓苗肥，含腐殖酸水溶肥（15-5-8）5kg/亩。滴灌施肥浓度≤0.3%。

苗期、开花期：含腐殖酸水溶肥（15-5-8）6.5kg/次，滴灌施肥浓度≤0.5%。每7~10d一次，共2~3次。

采收期：含腐殖酸水溶肥（9-6-13）15kg/次。每10~15d一次，春季共2次，秋季1次。拉秧前20天停止施肥。

结果期：含腐殖酸水溶肥（9-6-13）15kg/次。每7~10d一次，春季共灌溉施肥4次，秋季2次。

图4-9　黄瓜全程水肥一体化

第四节　化肥深施与化肥减量增效

化肥深施是指把肥料通过人力或机械措施深施入耕层，使肥料不暴露于地表。化肥深施不仅可以减少化肥挥发损失，提高肥料利用率，还有利于作物更好地吸收利用，同时又能减轻环境污染，达到增产增收的效果。

一、化肥深施的分类与形式

化肥深施主要分底肥深施、种肥深施和追肥深施 3 类。

1. 底肥深施

深施底肥用施肥整地机或在铧式犁和水田耕整机上附加肥箱及排肥装置，使其在翻地的同时将化肥深施到土层中。底肥深施方法有两种：一是先撒肥后耕翻；二是边耕翻边将化肥施于犁沟内。以第二种方法更佳。要求施肥深度 6cm，肥带宽度 3~5cm，排肥均匀连续，无明显断条。

2. 种肥深施

利用配有施肥装置的机引播种机，同步完成施肥、播种、覆盖、镇压等作业，将化肥施在种子下方或侧下方。种肥深施时要求种、肥间能形成一定厚度，一般 3cm 以上，以满足作物苗期生长的养分需求，同时可避免烧种、烧苗现象的发生。

3. 追肥深施

深施追肥在农作物生长中期，使用机械、半机械化中耕施肥机或手工工具，把化肥深施到土壤中追肥深施就是在作物距株行两侧的 10~20cm 之间，采取开小沟或打洞的方法，深度为 6~10cm，肥带宽 3cm 以上。

二、化肥深施的优点

1. 提高化肥利用率

化肥深施可减少化肥的损失和浪费，据中国农业科学院土壤肥料研究所同位素跟踪试验证明，碳酸氢铵、尿素深施地表以下 6~10cm 的土层中，比表面撒施氮的利用率可分别由 27% 和 37% 提高到 58% 和 50%，深施比表施其利用率相对提高 115% 和 35%。大面积应用化肥深施机械化技术后，氮素化肥平均利用率可由 30% 提高到 40% 以上。磷钾等肥深施还可以减少风蚀的损失，促进作物吸收和延长肥效，提高化肥利用率。

2. 增加作物产量

化肥深施可促使根系发育，增强作物吸收养分、水分和抗旱能力，有利于植株生长，从而提高作物产量。对比试验结果表明，在相同条件下，深施比地表撒施的小麦、玉米能增产 225~675kg/hm², 棉花（皮棉）可增产 75~120kg/hm², 大豆可增产 225~375kg/hm², 平均增产幅度在 5%~15%。

三、化肥深施技术的实施要点

1. 底肥深施

（1）先撒肥后耕翻的深施方法。要尽可能缩短化肥暴露在地表的时间，尤其对碳酸氢铵等在空气中易挥发的化肥，要做到随撒肥随耕翻深埋入土，此种施肥方法可在犁前加装撒肥装置，也可使用专用撒肥机，肥带宽基本同后边犁耕幅相当即可。先撒肥后耕翻的作业要求：化肥撒施均匀，施量符合作物栽培的农艺要求，耕翻后化肥埋入土壤深度大于 6cm，地表无可见的颗粒。

（2）边耕翻边施肥的方法。基本上可以做到耕翻施肥作业同步，避免化肥露天造成的挥发损失，一般可对现有耕翻犁进行改造，增加排肥装置，通常将排肥导管安装在犁铧后面，随着犁铧翻垡将化肥施犁沟底（根据当地农艺要求的底肥深浅调整），然后犁铧翻垡覆盖，达到深施肥的目的，许多地方习惯称此法为犁沟施肥。边耕翻边施底肥作业要求：施肥深度大于 6cm，肥带宽度 3~5cm，排肥均匀连续，无明显断条，施肥量满足作物栽培的农艺要求。

2. 种肥深施

种肥须在播种的同时深施，可通过在播种机上安装肥箱和排肥装置来完成。对机具的要求是不仅能较严格地按农艺要求保证肥、种的播量、深度、株距和行距等，而且在种、肥间能形成一定厚度（一般在 3cm 以上）的土壤隔离层，既满足作物苗期生长对营养成分的需求，又避免肥、事种混合出现的烧种、烧苗现象。应用该项技术对田块土壤处理要求较高，应保证土壤深耕一致，无漏耕，做到土碎田平，土壤虚实得当。按施肥和种子的位置，有侧位深施和正位深施（俗称肥、种分层）两种形式。其技术要求如下。

（1）侧位深施种肥。肥施于种子的侧下方，小麦种肥一般在种子的侧、下方各 2.5~4cm，玉米种肥深施一般在 5.5cm，肥带宽度宜在 3cm 以上，肥条均匀连续，无明显断条和漏施。

（2）正位深施种肥。种肥施于种床正下方，肥层同种子之间土壤隔离层在 3cm 以上，并要种肥深浅一致，肥条均匀连续，肥带宽度略大于播种宽度。要注意，在播种的同时将化肥一次施入土壤中，要根据肥料品种、施用量等，决定种与肥的距离；防止种肥过近造成烧种、烧苗。

3. 追肥深施

按农艺要求的追肥施量、深度和部位等使用追肥作业机具，完成开沟、排肥、覆土和镇压等多道工序的追肥作业，相对人工地表撒施和手工工具深追施，可显著地提高化肥的利用率和作业效率，追肥机具要有良好的行间通过性能，对作物后期生长无明显不利影响（如伤根、伤苗和倒伏等）。追肥深度（以作物植株同地面交点为基准）应为 6~10cm。追肥部位应在作物株行两侧的 10~20cm 之间（视作物品种定），肥带宽度大于 3cm，无明显断条，施肥后覆盖严密。

四、氮肥深施的作用与方法

氮肥深施就是把氮肥施入耕层，覆土 10cm 厚，不使用肥料暴露于地表。这种施肥方法效果较好，其主要作用如下。

1. 减少养分损失

大部分氮肥有一定的挥发性，或经过转化后具有挥发性。深施覆土，用较厚的土层把氮肥与大气隔开，既能防止挥发，又能增强土壤对氨的吸附，减少流失。氮肥深施后，使铵态氮处于隔绝空气的状态下，可减少硝化和反硝化作用造成的氮素损失，因而能提高肥效。据试验，深施比表施能提高肥效半倍至一倍。表施 1kg 碳铵只增产 1.7kg 粮食，浅施 5cm 的增产 2.2kg，深施 10cm 增产 2.5kg 粮食。

2. 有利于作物吸收肥分

一般作物的根群主要分布在 5~15cm 深度的土层中，所以氮肥深施 10cm 左右，可和植株根系广泛接触，增加吸收肥的机会；北方干旱地区，表层土壤经常处于干燥状态，肥料在缺水的情况下，常呈固体状态，很难被作物吸收利用；深层土壤中水分含量高于表土，因而能提高肥效。

3. 肥效持久

氮肥深施比表层撒施的肥效延长 2~3 倍。据观察，氮肥表施肥效仅有 10~20d，深施的肥效长达 30~60d，而且供肥情况稳定，后劲足。因而可克服表施肥效期短与作物需肥期长的矛盾，避免后期脱肥早衰。耕层薄的土壤，经过深施肥后，可逐步把植株根系引向深层，长时间深施氮肥，可使土壤耕层加厚。

氮肥深施的方法因肥料品种、耕作方法、作物种类等条件的不同而有差别。氮肥常用的深施肥方法有以下几种。

（1）耕层深施。尿素、碳酸氢铵和氨水，在水田和旱田都可以作基肥深施，结合翻地起垄或耙地将肥料均匀地混合在耕层或埋在垄心里。此法保肥力强，肥效高，并简单易行。

（2）液体氮肥深施。把液体氮肥或尿素、硫酸铵等肥料的水溶液，用液体深层施肥器施到作物旁侧 10cm 深处。

（3）球肥深施。将碳酸氢铵单独造粒或与磷肥、钾肥、土杂肥等配合造料，用于水稻追肥，施于稻丛之间，一般 4 篼或 2 篼施 1 粒。

（4）中耕作物深追肥。玉米、甜菜、棉花等中耕作物，在生育中期深追氮肥有两种方法：一是结合中耕培土，在中耕犁上附加垄邦开沟部件和肥料箱、随追肥覆土，省工且效果好；二是刨根深追，随追肥随覆土。

五、水稻侧深施肥技术与应用

水稻是我国重要的粮食作物，种植面积占粮食作物总面积的 30%。长期以来，我国水稻生产过程中一直沿用撒施肥方式，即插秧前撒施在水面上，或是整地时将肥料均匀搅拌于土壤中，这种方法施肥量大、利用率低，插秧排水导致肥料养分流失且污染环境；均匀拌到土壤中导致离水稻根系较远的肥料无法被吸收。如何解决施肥过量与肥料利用率低这个困扰水稻生产的突出问题？采用侧深施肥是个不错的办法。侧深施肥（亦称侧条施肥或机插深施肥）技术是水稻插秧机配带深施肥器，在水稻插秧的同时将肥料施于秧苗侧位土壤中的施肥方法。它是在精准插秧的同时，在距水稻秧苗根部 3~5cm 且深度为 5cm 的位置施以肥料的局部施肥技术。水稻侧深施肥技术在日本推广应用较早，我国也早就开始了相关技术研究，但是机械和肥料配套不上，所以迟迟没有实际应用。2012 年开始，农垦建三江管理局开始进行水稻侧深施肥技术研究应用。2013 年，他们引进了日本企业生产的侧深施肥插秧机，在建三江 15 个农场 460 亩水稻田进行试验。2015 年起，中化化肥在建三江管理区 15 个农场进行了大量的田间试验和示范，2016 年应用面积迅速提升到 140 万亩。侧深施肥技术实现了插秧同步施肥，返青分蘖不追肥，减少了人工作业次数，相比传统施肥减少了用工量，节约了劳动投入成本。同时提高了肥料利用率，减少了肥料投入。具体来说，侧深施肥由于肥料条施集中，在土壤中浓度较高，增加了吸收压力，使水稻吸收速度加快；位置确定，距离根系近，有利于返青后直接吸收利用；不分散、不表施，减少了水分蒸发、径流、排放造成的肥料损失和污染，氮素利用率可从 30% 提高到 40%，保证了水稻生长期间养分供应充分及时，促进了分蘖的早生快发，形成良好的群体结构，有利于增加分蘖，提高穗粒数和干物质重，从而提升产量、品质和效益。

1. 水稻侧深施肥的好处

（1）提高肥料利用率。水稻侧深施肥是在插秧的同时将肥料施于距稻苗 3~125px、深 125px 的土壤中，肥料呈条状集中施于耕层，距水稻根系较近，利于根系吸收利用，由于肥料条施集中，在土壤中浓度较高，增加了吸收压力，使水稻吸收速度加快。因而提高了肥料的利用率。因此侧深施肥可节省速效化肥 20%~30%。

（2）促进水稻早期生育。寒地水稻的高产稳产重要的是促进水稻前期营养生长，确保充实的分蘖茎数。采用侧深施肥可使水稻根际氮素浓度较全耕层施肥提高 5 倍左右，可解决因低温、地冷、冷水灌溉、早期栽培、稻草还田等造成的水稻生育初期营养缺乏问题，这是常规施肥难以达到的。

（3）水稻生育期和成熟期提早。采用侧深施肥可提高水稻前期生长量，即使在不良条件下也能促进肥料的吸收（与常规施肥相比），最高分蘖期出现较早，出穗期（50%出穗）略有提早，可确保安全成熟，在低温年份和"三冷田"（寒地、井水灌溉、山间地）表现尤为突出。

（4）水稻无效分蘖少、抗倒伏。影响水稻倒伏的主要因素有生长过旺、氮素过多、长期深水、病虫害等。侧深施肥施用速效肥料，在水稻插秧后 30d 左右土壤氮深浅、有机质含量的不同而不同，但最少要在 300px 以上，耕层过浅，水稻生育中后期易脱肥。

（5）减轻环境污染。由于侧深施肥是将肥料埋于土壤中，肥料流失较少。实践证明采用侧深施肥的稻田。由于藻类所需的氮、磷营养元素少，藻类等杂草为害明显减轻，同时随排水流入江、河的肥料也少，可防止江、河水质污染。

（6）高产、优质。侧深施肥可促进水稻早期生育，低位分蘖多，早期确保分蘖茎数，穗数增多，倒伏减轻，结实率高，因此一般年份可比常规施肥增产 5%~10%，低温年可达 10%~13%。另外侧深施肥水稻病虫害轻，可提早抽穗成熟，使水稻结实期积温相对较高，品质较好，据测定，食味值比常规施肥增加 10 个点数，在低温和条件较差地块更明显。

2. 水稻侧深施肥技术要点

（1）侧深施肥深度、肥料距稻根侧向距离。施肥深度 4.5~5.0cm，肥料距稻根侧向距离 3.0~5.0cm。施肥位置在苗侧附近，秧苗返青后肥料很快被吸收，与表层施肥不同的是侧深施肥肥料集中，与土壤接触少，肥料浓度高，微生物获取少，脱氮少，水稻吸收利用率高。从茎数变化看，侧深施肥的水稻与全层施肥和表层施肥比，从分蘖初期起分蘖即明显增多，有效分蘖终止期和最高分蘖期提早，但是，为了防止侧深施肥的水稻初期生长旺盛，中后期衰落，在水稻生育的中后期按照田间水稻生育叶龄诊断，结合田间水稻长势长相及时施用调节肥和穗肥，施肥量调节肥氮肥总量的 10% 左右，穗肥氮肥总量 20%、钾肥总量的 30%~40%。并结合水稻健身防病叶面追肥 2~3 次。

（2）肥料种类。侧深施肥按照水稻施肥技术要求施用配方肥，氮磷钾比例合理。

（3）施肥比例。氮肥基肥、蘖肥，占氮肥总量的 70%，磷肥100%，钾肥 60%~70%，硅肥 100%侧深施肥一次施入。

（4）肥料总量。由于侧深施肥要比常规施肥提高肥料利用率，肥料流失减少，因此，总施肥量减少 20%左右。

（5）侧深施肥要求。本田土壤要有一定耕深，土地平整（露出部分作沟不能闭合），不过分水耙（测锤硬度计 10~12cm），埋好杂物（稻株残体等）；机械匀速作业，避免缺株、倒伏、歪苗、埋苗；用量准确，施肥均匀（分行施肥量误差 5%以内），严防堵塞排肥口；肥料粒型整齐（粒型 1.5~3.5mm），硬度适宜（2kg/cm³），无破碎粒或粉末，不吸湿固结。侧深施肥对肥料的要求较高，目前我国现有的水稻专用肥颗粒硬度低，吸湿性大。肥料吸水后，经气流吹出时会发生颗粒粉化，黏结堵塞施肥机的施肥管，必须拆卸进行清理干燥后，才可继续使用，影响施肥机的使用效率。

2014 年以来，中国农业大学、建三江管理局、中化化肥曾根据水稻侧深施肥技术要求，结合水稻养分需求规律，开展侧深施肥的技术与肥料研究。中化化肥曾重点攻关并集成先进的新型肥料技术，改进和耦合肥料制造工艺与装备，开发出高效的水稻侧深施肥专用肥，肥料强度和吸湿性能达到要求指标，提升了氮素利用效率，还根据建三江区域养分丰缺指标和水稻对中微量元素的需求，在水稻侧深肥中添加了螯合锌和有效硅等。中化化肥科技创新中心研发管理总监任先顺介绍，侧深施肥项目开展三年来，产品升级了三次，解决了缓释效果、防漂浮、水绵发生等一系列问题。光是今年，中化化肥就升级了两款新产品进行试验示范，同时继续研发试验侧深施肥一次性施肥免追肥等课题，以更好地适应规模化种植的需要。现在，除了农垦建三江管理局，黑龙江农垦在牡丹江、宝泉岭、红兴隆等水稻种植大区也在大力推广水稻侧深施肥，全国其他地区如浙江、江苏、安徽等地也在示范推广此项技术。

第五章　肥料种类与减量增效

第一节　配方肥施用与减量增效

配方肥是测土配方施肥技术的物化产品，配方合理的配方肥体现了土壤的供肥特性及作肥的需肥规律，因此其施入土壤后，能较好地促进作物生长的同时，不会过度地消耗土壤地力，确保土壤健康可持续地循环利用。同时，配方肥的合理氮、磷、钾配比及添加了作物必需的中、微量元素，消除了营养元素之间的最小养分率，使每一种元素均能发挥其营养功能，并使其效益最大化，从而实现了减肥的目的。

一、拓展配方肥加工模式

提供肥料配方主要有以下几种方法，一是由农技部门提供肥料配方，肥料生产企业根据农技部门提供的配方，精选原材料，根据肥料合成的相关要求，通过工厂化形成配方肥，经肥料销售单位推广给农民，或通过政府的形式加工，由肥料生产企业直供给种植大户、农业专业合作组织或农业企业。这种模式减少了农民自己采购单一肥料和配制的麻烦，使施用简单化，买来就可以直接施用，实现了"傻瓜式"施肥。由于生产企业是规模化生产的，农技部门提供给生产企业的配方只能是区域化的大配方，该种配方肥只能满足作物的基本需肥要求，主要是磷或钾能满足作物一季需求，在生产上，还要根据作物生长要求，氮或氮、钾及中微量元素还需后期补充。这就是我们通常说的大配方，小调整。二是由农技部门制订施肥建议卡，发放给农民，农民按方子到农资公司购买单质肥料进行自行调制配方混合肥，按照用量要求直接施用到农田。由于配方施肥建议卡是根据农户所在地的土壤肥力现状及该区域作物的需肥特性制订的，针对性较强，同时明确了作物每个时期的施肥方法和用量。农户配制的配方混合肥也是根据每个施肥时期施肥建议即配即用，可以说，这种配方肥是阶段性配方肥，与作物的需肥规律和土壤的供肥状况较吻合，是真正意义上的配方施肥。三是应用区域配肥站或智能配肥系统，进行个性化生产配方肥。由于模式二在生产上带来诸多不便，给配方肥的应用推广带来了阻碍，若改成区域配肥站根据农技部门的配方，生产配方肥，再供应给农民，减少了农民自己购买单质肥料，再配制混合肥的麻烦，减少了许多中间环节。由于小型配方肥加工站和智能配肥系统没有一定生产量的要求，可以根据农户需要随时配制，即可满足农户需求和生产需要，该模式生产的配方肥与模式二相同，针对性强，完全可以实现全程配方肥应用。四是通过配方的比对，在农资流通领域，认定一批已被农民广泛施用，生产上反映良好，农资经营企业销售也较好的同比例（或接近比例）复合肥作为该区域的配方肥，加大推广应用。这种方法农民易接受，农资经营企业也愿意，配方肥的应用面好可以扩大。但需要农技部门开展广泛的调查摸底，工作量较大。

二、创新配方肥供应模式

完善配方肥产供施网络，逐步形成以科学配方引导肥料生产、以连锁配送方便农民购肥、以规范服务指导农民施肥的机制。以农民专业合作社为重点，积极促成农企有效对接、合作的桥梁作用，切实推进粮油、经济作物配方肥进村、下地。一是充分利用测土配方施肥多年来积累的土壤检测、肥效试验等大量数据，因地制宜研发、设计水稻、茶叶、水果等农民专业合作社主栽作物肥料配方，择优确定生产、供应各类专用配方肥的定点企业。通过农企合作，由点带面、全面推进。二是组织落实农企对接的配方肥直供模式。明确由土肥部门向配方肥定点企业提供适宜主导作物应用的配方，由定点企业生产后直接配送至农民专业合作社。通过联合推进的配方肥直供模式，有效减少流通环节，降低用肥成本。三是加大配方肥应用扶持力度，采用政府补助施用的形式，对符合条件的农业专业合作社使用配方肥进行补助，从而强化政策引导效应。四是注重发挥农民专业合作社的示范带头作用。大力指导扶持每个合作社建立 100~300 亩的配方肥应用示范方，从而以点带面推动配方肥应用。

为促进测土配方施肥技术进村入户到田、农民用上配方肥或按方施肥，整建制推进是有效方法。为此浙江省杭州市富阳区采用了四种模式。一是农企对接推广配方肥，通过与安徽司乐特肥业有限公司、杭州利时肥料有限公司等肥料生产企业的产需对接，由使用者直接与生产企业对接，减少中间环节，减少流通成本，推进配方肥的推广。从而有效提高技术覆盖率和配方肥到位率。二是合作社带动模式。以农民专业合作社为纽带，采取技物、技企结合方式，架起广大农民与农技部门、供肥企业的桥梁，加快测土配方施肥技术推广。三是定点供销服务模式。以杭州市富阳区惠多利农资有限公司及其所属基层肥料经销网点为网络平台，对其提供培训指导和技术支持，并挂牌认定测土配方施肥配方肥定点供应服务网点，帮助农民选肥、购肥。为规范配方肥的销售及使用，选择质量可靠、信誉良好的门店，给予挂牌、张贴醒目标签等形式，并明确各种配方肥的施用方法，建立起配方肥标准化销售门店，使农民朋友能够安心购买，放心使用。四是利用本地肥料生产企业的技术优势，实行配方肥现配现用。

三、实行全面平衡的配方施肥

配方肥的施用要以有机肥为基础，中微量元素配套，实行全量平衡施肥。任何一种肥料均不可能包罗万象，配方肥也不例外，特别是作物对养分的需求有多类元素，而在生产配方肥时不可能将所有元素全部揉合进去。另外，农技部门在开展土壤检测时，所取样点不可能覆盖全部土壤，同时由于样品的代表性问题，不能全面反映土壤的肥力现状。在寻求作物需肥规律的时候，开展的田间试验可能局部地反映了作物的需肥特性。这些偏差都将影响配方肥的实际功效。另外根据用地、养地相结合的要求，必须有机、无机肥料相结合，大量元素、中微量元素相配合的原则，不断监测作物田间作物生长情况，随时补充作物养分需求，实现真正的平衡施肥。

四、配方施肥的全程服务与系统工程

农技、农机相结合，良种、良法相配套，物化产品相跟上的全程服务。农业生产是一个综合体系，化肥减量施肥增效也是一个系统工程，实行化肥的减量增效不能孤立起来开展。只有将化肥的减量增效融合在农作物的综合生产体系中去才能实现。在减量过程中，要有效地结合农作物新品种的推广，农业新技术的应用，农业新机械的配套，新方法的引进。在此基础上推广应用测土配方施肥的物化产品——配方肥，才能更有效地实现化肥的减量增效。在技术推广中，土肥部门要跳出土肥搞土肥，要紧密地与相关产业科站技术相融合，借助产业技术人员的技术与力量开展测土配方施肥技术，将配方肥交由产业技术人员去推广应用。

五、配方肥应用减量增效实例

浙江省杭州市富阳区通过完善配方肥产供施网络，逐步形成了以科学配方引导肥料生产、以连锁配送方便农民购肥、以规范服务指导农民施肥的机制。同时以农民专业合作社为重点，积极促成农企有效对接、合作的桥梁作用，切实推进粮油、经济作物配方肥进村、下地。一是充分利用测土配方施肥多年来积累的土壤检测、肥效试验等大量数据，因地制宜研发、设计水稻、茶叶、水果等农民专业合作社主栽作物的肥料配方，择优确定生产、供应各类专用配方肥的定点企业。通过农企合作，由点带面、全面推进。二是组织落实农企对接的配方肥直供模式。明确由区土肥部门向配方肥定点企业提供适宜主导作物应用的配方，由定点企业生产后直接配送至农民专业合作社。通过联合推进的配方肥直供模式，有效减少流通环节，降低用肥成本约 100 元/t。三是加大配方肥应用扶持力度，对符合条件的农业专业合作社施用配方肥每吨补助 500 元，进一步强化政策引导效应。四是注重发挥农民专业合作社的示范带头作用。

大力指导扶持每个合作社建立 100~300 亩的配方肥应用示范方。通过相关模式的引导和政策的扶持，化肥减量增效明显。一是规模化经营主体的种植效益明显提高，从粮油作物来看，富阳区粮油作物的高产都是大户创造的，大户的平均产量要比散户增加 20~50kg，彻底改变了前几年大户产量明显低的局面。这是因为大户普遍用上了土肥部门提供的水稻配方肥（20:8:12），彻底告别了单质肥料如碳铵、磷肥的施用。二是配方肥的推广，使富阳区复合肥的氮、磷、钾比例已趋合理，与土壤的供肥水平、作物需肥水平慢慢接近，特别是 3 个 15 或等比例的复合肥使用量正在快速下降，代之以低磷、高氮、高钾的复合肥，配方肥已基本占领整个市场。三是减肥效应明显。单质肥料容易流失，相对地说肥料利用率低，通过配方肥的施用，减少了肥料流失，同时配方肥的氮、磷、钾比例协调，与作物需肥规律一致，从而提高了肥料利用率。从田间调查结果看，水稻施用配方肥后，氮肥施用量减少了 2~3 kg/亩。减肥效应在经济作物上更是明显，富阳区的经济作物上化肥投入量较大，如芦笋的化肥施用量，在 2005 年测土配方项目实施前，其氮（N）、磷（P_2O_5）、钾（K_2O）的亩施用量为 63.7kg、25.23 kg、23.04 kg，而 2013 年亩施用量为纯氮 21.9 kg，磷（P_2O_5）8.5 kg，钾（K_2O）24.25 kg，氮（N）下降了 42.76 kg，磷（P_2O_5）下降了 16.73 kg，氮、磷的下降幅度是相当大的。

　　浙江省兰溪市马涧镇是杨梅主产区，全镇杨梅栽培面积 24000 亩，自 2006 年起应用兰溪市土肥站研制的杨梅配方肥（10-5-25）。在施肥总量不变的情况下，总养分下调了 5 个百分点、单一磷养分下调了 10 个百分点，下调幅度分别为 11%、67%。通过多年的应用，基本消除了杨梅大小年结果现象，濒临死亡的杨梅树势得以恢复，提质增收的效果十分明显，有力地促进了杨梅产业的发展。马涧镇马五村马锡良农户施用杨梅配方肥后，杨梅果实糖度最高达到 13.5%，比农民习惯施肥提高 1.5 个百分点，果品售价比一般农户每千克高出 10 元，家庭年增收 2 万元以上。

第二节　缓控释肥施用与减量增效

20 世纪初，为解决化肥施用过程中养分流失严重、利用率低的问题，人们开始研究改变化学肥料的速效性。经过数十年的研究，缓控释型化学肥料的性能和效果逐渐稳定，在农业中逐渐推广应用。缓控释肥一般可以分为以下四类：一是物理障碍物控制释放的肥料：以包膜肥料为主；二是有机微溶性氮缓释肥料：以脲—醛缩合物为主；三是稳定性肥料：通过脲酶抑制剂抑制尿素的水解，和(或) 通过硝化抑制剂抑制铵态氮的硝化，使肥效期得到延长的一类含氮(含酰胺态氮/铵态氮) 肥料；四是有机缓释肥料：以天然活性有机质为载体实现养分缓释的一类肥料。本节将对这四类中较为核心的包膜型缓控释肥料、脲醛缓释肥料、稳定性肥料和有机缓释肥料的减肥增效作用分别叙述。

一、包膜型缓控释肥料

国外多年的研究资料和大量文献以及笔者这几年来的研究结果表明，真正意义上的控释肥，即肥料的养分释放速率与作物养分吸收相同步，应该是包膜肥料，其他的缓效肥料可称为缓释肥而不能称为控释肥。

1. 包膜型缓控释肥料的类型

应用包涂等物理方法生产缓控释肥料，生产成本较低，工艺流程简单，易于操作。近几年来，包膜缓控释肥料经过技术改进、工艺流程优化等手段，进一步降低了生产成本，被生产企业广泛采用，短时间内在我国得到了迅速发展。筛选出适宜的包膜材料是包膜控释肥研制开发的关键。在研制过程中，根据各种材料的成膜能力，选择具有成膜能力强、有一定阻水能力、原料为市场可以大批量供应的高分子材料作为包膜试验材料，筛选出热固性树脂类、中低分子橡胶类、热塑性塑料类、无机矿物类等 30 多种包膜材料，同时筛选出无刺激性气味的复合溶剂、对养分释放速率有调控作用的复合添加剂等及其最佳配比。

包膜型缓控释肥料按其包膜材料不同可分为无机物包膜肥和有机聚合物包膜肥两种类型。其中包括：

（1）无机包膜肥料。无机矿物包膜材料、无机矿物改性包膜材料、无机矿物—有机高分子多层包膜材料。养分的控释通过调节包膜的厚度和封面剂（石蜡）的用量来实现。

①无机矿物包膜材料：包括沸石、硅藻土、硫磺、石膏、金属磷酸盐、硅粉等。这些无机材料成本较低，且对土壤不构成危害，同时能为植物提供多种盐基离子，具有一定的缓释效果；但无机物包膜肥弹性差、易脆，不能实现对养分的控制释放。无机物包膜肥中对硫磺包膜材料的研究最多。使用硫包膜尿素可使 N 素利用较普通尿素提高 1 倍，特别适用于生长期较长的作物，并且能补充土壤中硫的不足。

②无机矿物改性包膜材料：近些年，报道了对表面活性改良后的沸石包膜材料对 N 的控释以及钙十字沸石对 P、K 的控释研究，实验表明它们对 P、K 的控释效果明显提高。郑州工学院以尿素为核心，以钙镁肥为包裹物料，以无机酸和缓溶剂制得钙镁磷肥改性复合肥料。

③无机矿物—有机高分子多层包膜材料：无机物包膜材料的缺点是对肥料颗粒的封闭性比较差，膜层表面容易形成一些较大尺度的孔隙，肥料养分容易快速溶出，且膜层机械性能较差，存在储存或运输过程中容易脱落，影响缓释性质。所以有人开始关注多层包膜的缓释肥料，这种肥料的每层包膜都具有其目的性。一些厂家用有机聚合物（热塑性塑料或树脂）在硫包衣尿素上再包一层较薄的普通聚合物膜，以增强抗磨损性能。

（2）有机高分子材料包膜。天然高分子、合成高分子、热塑性塑料类（回收物）、沥青和橡胶类。

①天然高分子：这类材料包括天然橡胶、阿拉伯胶、瓜尔胶、海藻酸钠、纤维素、木质素、淀粉等。天然高分子材料虽然来源广、无毒、稳定、成膜性好、价廉易得，但其易被生物降解，控释效果较差，一般要通过改性后才能作为控释肥的包膜材料。已被用于试

验的天然高分子材料主要包括以下几种。

木质素：王德汉等利用工业木质素作为包膜材料对颗粒尿素进行包膜处理，制成一系列缓释尿素。木质素包膜尿素的缓释特性比普通尿素具有较强的"后效"，能保持养分的持续、均衡供给，提高了作物的产量和尿素氮肥的利用率。

天然橡胶：天然橡胶的融化温度较低，成膜发黏。并不太适合用作肥料的包膜材料。但天然橡胶经过硫化，通过添加一些物质进行改性处理后就可以用作肥料的包膜材料。用改性天然橡胶制成的缓释肥料。其膜硬且无黏性，便于储存和施用。

植物油：植物油包膜肥料，往往是几种油的混合物包膜，如桐油、亚麻籽油与其他物质的混合包膜肥料。不饱和油如亚麻籽油、红花油、向日葵油、蓖麻油、大豆油等含有有机酸的甘油也可用于各种肥料的包膜。

腐殖酸：腐殖酸来源广泛。在土壤中添加腐殖酸，可以改善由于长期施用无机盐造成的土壤变质。用腐殖酸包膜尿素。可以显著地提高尿素在土壤中的缓释性。Murdoch Brown 等通过肥料养分释放试验表明，腐殖酸包膜尿素 10 周后在湿度较低时的氮还有 62%。在湿度较高的情况下也有 48%，而未包膜尿素氮只有 1%。可见腐殖酸多用作有机添加剂用于缓/控释肥料中工作值得进一步深入研究。

壳聚糖：壳聚糖是由甲壳素脱乙酰基得到的一种重要衍生物。甲壳素是第一大天然高分子，在我国，其来源十分丰富。壳聚糖能被生物降解，是一种无毒、无污染的可再生资源。在化工、环保、食品、纺织、医药、膜分离等领域受到了国内外学者的广泛关注。壳聚糖具有良好的成膜性。易于制成包膜材料，如采用将壳聚糖与明胶、藻酸盐等共混，用戊二醛交联的方法制备壳聚糖药物包膜或微囊材料。

除上述几种天然有机高分子材料外，松脂、植物淀粉等也常用于并且多跟人工合成高分子材料一起用于包膜控释肥料。天然高分子材料虽然来源广、无毒、稳定、成膜性好、价廉易得，但其易被生物降解，控释效果较差，一般要通过改性后才能作为控释肥的包膜材料。因此，人工合成高分子材料在包膜材料中逐渐起到非常重要的作用。

②合成高分子：这类材料包括热塑性聚烯烃类，如聚乙烯、聚氯乙烯、聚丙烯、聚乙烯醇、聚丙烯酰胺，以及热固性树脂如脲醛树脂等。合成高分子包膜的特点是包膜厚度可以控制，对土壤条件不十分敏感、养分扩散速率由聚合物的化学性质控制，因而可实现对养分的控释。由于合成高分子包膜的弹性好，更适合于机械化施肥。该类包膜的缺点是价格高，一般不溶于水，需要有机溶剂溶解，包膜工艺比较复杂，且因其在土壤中分解缓慢而带来环境污染。虽然可采取改性方法促使其降解，但对环境是否有影响还有待进一步探讨。

③半合成高分子：这类材料是指天然高分子经过改性后形成的一类高分子化合物，以纤维素的衍生物为主，黏度大、成膜性良好、易水解，如甲基纤维素钠和乙基纤维素。目前对该类高分子包膜的研究报道较少，但其市场前景非常广阔。

2. 包膜肥料作用原理及行业标准

经过行业专家及生产工作者的不断实验和探讨，一致认为缓控释肥料包膜材料的选用应符合以下条件。

（1）包膜材料受外界环境影响小，且易附着在肥料颗粒表面；

（2）低于其熔融温度时能迅速固化；

（3）不能与肥料养分发生反应或影响肥料养分性能；

（4）能在自然条件下的土壤中自行降解，降解周期短，且不污染土壤；

（5）能通过包膜层厚度控制肥料养分释放，以满足作物生长需求；

（6）具有良好性能，不伤害秧苗，有利于机械化操作；

（7）成本低廉，宜于生产和推广。

扩散机制是有机包膜肥料的养分主要释放方式；损坏机制是典型无弹性包膜肥料的养分释放机制。缓控释肥料的养分释放曲线呈直线、抛物线、S形曲线。大田作物对氮磷钾养分的吸收通常呈S形曲线，多年生植物从休眠期转变为生命活动期时的养分吸收也是呈S形曲线，因此，呈S形曲线释放的控释肥料是最具有生产潜力的类型。

2007 年，由国家化肥质量监督检验中心（上海）与亚洲最大的缓控释肥生产企业山东金正大集团共同起草、国家发展改革委批准的《缓控释肥料》行业标准正式施行。根据该标准的规定，在温度 25℃时，

（1）肥料中的有效养分在 24h 内的释放率不大于 15%；

（2）在 28d 内的养分释放率不超过 75%；

（3）在规定时间内，养分释放率不低于 80%。

3. 包膜肥料生产与应用现状

我国缓控释肥料生产企业已有几十家，设计生产能力总和近千万吨，其中以硫磺包膜尿素、硫磺包膜复合肥料、树脂包膜复合肥料为主，总产量约占我国缓控释肥料总量的 80% 以上，而其他以水溶性小的磷矿粉、骨粉、钙镁磷肥、纤维素等天然有机无机肥料类为包膜材料生产的缓控释肥料约占 10%。缓控释肥料作为一种节约资源、提高劳动生产率的新型肥料具有以下很多优点。

（1）能够减少化肥养分流失，提高化肥养分利用率，解决因大量施用氮肥造成的土壤及农产品中硝酸盐大量积累，影响农产品品质，污染环境，损害人类健康。

（2）可以协调作物生长周期内的养分供给，提高机械化施肥能力，减少施肥频次和强度等。

但是由于缓控释肥料包膜材料的缺陷，带来的农业土壤等污染亦逐渐暴露了出来。例如：

① 包膜材料不是肥料成分，它的使用降低了肥料的养分含量。

② 非肥料成分的包膜材料施入土壤后，改变了土壤的团粒结构、养分结构和微生态环境平衡，涂层硫磺在土壤中分解对部分有益微生物具有杀伤作用，对作物种子发芽具有抑制作用。

③ 很多包膜材料不能在自然条件下降解或降解周期过长，残留成分不仅污染了土壤环境，而且会给土壤的持续发展埋下隐患。

已有报道表明，施用不降解或降解周期长的包膜材料生产的缓控释肥料试验的土壤，已出现不同程度的土壤板结，通气性、透水性明显下降的情况。

4. 包膜肥料的前景

我国因肥料养分利用率低所造成的养分资源浪费是十分惊人的。目前我国每年生产、施用的氮肥量（以纯氮计，下同）约为 20Mt 其肥料的当季利用率只有 30%~50%，累计利用率为 45%~60%，氮肥的损失平均高达 45%，相当于损失氮肥 9Mt 折合成尿素为 19Mt。按尿素销售指导价 1260 元/t 计算，则因氮肥利用率低造成的直接经济损失折合人民币达 239.4 亿元。这不仅造成了资源的浪费，增加了农业成本，而且还引起了施肥对环境的污染，出现了地表水富营养化、地下水和蔬菜中硝态氮含量超标、氧化亚氮排放等问题。据对研制的包膜控释肥产品所做的肥效试验可知，其肥料等量施用的氮素利用率较普通肥料可提高 59.6%~65.7%，磷素利用率提高 48.9%~51.9%，钾素利用率提高 10.3%~26.4%；在肥料用量减施 1/3 至 1/2 的情况下还有明显的增产效果。包膜控释肥技术的推广应用，将使我国年均减少氮素损失达 2Mt 以上，相当于 4.35Mt 尿素（约 10 家大型尿素厂的年产量），折合人民币 65 亿元。而氮素损失量的减少将对各种污染问题（如水源的富营养等）带来显著的断源效益，进而产生的社会、生态效益将达 1000 亿元以上。同时项目的实施对促进控释肥国产化、替代进口、节约外汇、出口创汇也具有重要意义。国内、外控释肥料推广应用的经验证明，制约控释肥推广应用（特别是在农业上的应用）的主要因素是生产成本和销售价格。依据一些多年对包膜控释肥在多种作物上进行的盆栽试验、田间试验和示范结果来看，包膜控释肥可以提高肥料的养分利用率 50%~100%以上，按此计算，在肥料用量减施 1/3 至 1/2 的情况下还有明显的增产效果。如果控释肥价格能够控制在原肥料价格的 2 倍之内，农民可以在少施 1/3 至 1/2 肥料的情况下仍可获得相同或更多的经济产量，可给农民带来显著的经济效益。目前所开发的适用于大田作物大面积推广的硫包膜控释肥、硫加树脂包膜控释肥、回收热塑性树脂包膜控释肥等系列品种，其生产成本与包膜前相当或稍高，在不增加化肥使用成本的情况下，施用这种包膜肥料可获得更高的产量，而且省工省时，施用方便。

二、脲醛缓释肥料

1. 国内外现状、研究基础

脲甲醛（UF）是比较成熟的缓释肥料，早在 20 世纪 30 年代后期国外便提出了比较完整的实验室流程，1955 年开始德国巴斯夫公司进行商品化生产，同年美国农业化学工作者协会颁布了检测方法。随着缓释肥料技术的不断发展，国外已有越来越多的新产品问世，目前日本已经研制了超缓效脲甲醛氮肥，美国则开发了具有贮存稳定性的脲醛弥散肥料，通过大田试验表明这种高分子化肥的增产率为 53.29%，显著高于常规施肥。由于脲甲醛肥料养分利用率高及其环保的重要性，其需求量和生产量在逐年增加。美国、亚欧以及日本的专业公司都已实现脲甲醛肥料的工业化生产并销售至国际市场，目前美国 ScottS、芬兰凯米拉、德国 BASF、日本住友等公司均有脲甲醛肥料销售。我国在 1971 年研制出脲甲醛缓释肥料，之后在较长时期内未取得较快发展。近 20 年国内有关脲甲醛缓释肥料研究的文献甚少，各科研机构所作的研究主要是考察影响产品性能的各个因素，寻求最佳的生产工艺条件，在加料方式、反应添加剂以及最后的过滤、烘干、造粒工艺上也有初步探讨。目前山东临沂天瑞肥业有限公司、武汉绿茵化工有限公司、江苏纵横科技实业有限公司等多家公司都致力于脲甲醛缓释肥料的推广。但由于脲甲醛缓释肥价格高的缘故，其应用目前仅限于高尔夫草坪和高档景观花卉上。成立于 2004 年 6 月 15 日的住商肥料（青岛）有限公司，是与日本住友商事株式会社合资设立的复合肥生产企业，公司通过引进日本具有世界先进水平的复合肥生产工艺，占据了我国高端复合肥的领先地位。2009 年 6 月 25 日在京召开的中国脲甲醛肥料技术（住商）高层论坛上，来自国内外缓释肥行业的科研院校、知名企业的专家、学者近百人齐聚一堂，就脲甲醛肥料的发展现状、产业化道路探索以及市场竞争能力分析等问题进行深入探讨与技术交流，并决定在全国 11 个农业大省推广缓控释肥料。可见，脲甲醛缓释肥在我国将大有可为。

2. 应用前景及方向

脲醛肥料属化学合成的缓释氮肥，是尿素与醛类反应制得，主要有脲甲醛（UF/MU）、丁烯叉二脲（CDU）、异丁烯叉二脲（IBDU）。1924年脲醛肥料取得世界上第一个缓释肥料专利，1955年作为最早的缓释肥料开始商业化生产，是世界缓释肥料中产量最大的品种，占整个缓释肥料总产量50%以上。近年来，脲醛缓释肥料作为缓释肥料中的一个重要的产品在中国发展非常迅速，有不少厂家开始小规模的生产和销售，但早期无统一的标准来规范市场、引导研究方向，一定程度上制约了这类肥料在国内的发展。近期国家化肥质量监督检验中心联合部分生产企业制定了脲醛缓释肥料的行业标准，该标准实施后将会促进脲醛缓释肥料的发展，规范市场秩序。近阶段国家连续出台多项政策，鼓励发展易于大田作物推广的缓控释肥料，由于脲醛缓释复混肥料生产成本低，与其他缓控释肥料相比产品价格优势明显，而养分主要是氮肥缓释效果好，在解决了脲甲醛制备和复混肥造粒工艺衔接技术以及游离醛去除的产品安全环保难题后，产业化发展水到渠成，因此大力发展脲醛缓控释肥料，符合国家的鼓励政策，有利于我国农业持续健康的发展。

3. 主要研究内容及相关技术指标

（1）主要研究内容。通过对尿素和甲醛反应条件、时间、温度等指标的研究，选择最佳脲甲醛合成条件，结合脲甲醛缓释机理的研究，研制出与作物生长规律及需肥规律相吻合的脲甲醛缓释复合肥料配方。通过对现有复合肥生产工艺技术改进，利用喷浆造粒工艺生产脲甲醛缓释系列复合肥，并进行试验示范推广。

（2）主要技术指标。

①营养同步、按需供养：脲甲醛肥料利用脲甲醛树脂在不同温度下分解速度的不同，满足作物不同生长时期的养分需求，达到养分释放量和作物不同时期养分需求量的基本吻合，实现按需供养。

②速效、中效加长效，肥效期长：肥料中的酰氨态氮和氨态氮，提供速效养分满足作物苗期需求；脲甲醛经生物分解产生的一亚甲基二脲和二亚甲基三脲提供中效和长效养分，肥效期可达120天，能满足作物全部生长期的养分需求。

③养分齐全，肥效利用率高：采用化学合成原理且在生产过程中加入了多种微量元素，提高了养分利用率（脲甲醛肥料养分利用率可达到51%，普通肥料仅为30%，活性指数 AI≥40%），同时满足了作物对微量元素的需求，且克服了其他缓释肥的所有缺点。

④肥效稳定，吸附作用好：产品质量稳定，而且颗粒均匀，产品颗粒强度较高（可达 30 牛顿以上），颗粒光滑圆整，在储运、流通过程中不易破碎，不易结块，外观质量较好。脲甲醛缓释肥中的亚甲基氮具有吸附作用，可以使养分良好地和土壤微粒结合，并牢牢地吸附在作物根部，形成胶状螯合物，减少养分流失，达到养分被作物充分吸收，提高肥料利用率的目的。

⑤简单、省时省力、生产成本低：脲甲醛缓释新型肥料可沟施、穴施、撒施、冲施，适用于各种土质，水田、旱田皆可。一次施肥一季有效，且施用量少于普通肥，减少劳动量，降低了生产成本。

⑥提高作物产量及品质：施用后作物前期不徒长，中期不缺肥，后期不脱肥，植株生长健壮；根系发达，植株健壮，增强了抗旱、抗倒伏能力；可明显改善作物品质，提高产量，增产、增收效果明显。

4. 预期经济、社会效益

脲甲醛缓释复合肥料能有效提高农民收入，在全国 10 个省市开展中试产品试验示范，涉及品种 10 多个，试验示范面积达 1 000 多亩。脲甲醛可经土壤微生物分解提供中效和长效氮养分，肥效期长达 120d，做到一次施足底肥，无需追肥。该肥与同等养分含量的其他复肥相比可增产 7%~15%，可做到减少 30%的肥料用量不减产，其氮素利用率可达 50%。该肥的使用将降低农业生产成本，提高农业效益。该肥料还适用于各种土壤的水田、旱田，其养分被土壤吸附后不易流失，释放完全，无残留。预计未来三年，累计实现销售收入 96 000 万元，利润 7 950 万元，税金 1 987.5 万元，新增就业人数 230 人。累计推广面积可达 500 多万亩，随着推广面积进一步扩大，将会产生更大的经济收益。由此可见，其经济效益极其显著，推广应用前景广阔。总之，脲甲醛缓释肥生产工艺流程简单、投资省、上马快、操作方便、生产成本低，在现有喷浆造粒复合肥生产装臵直接嫁接脲甲醛合成和输送设备，经简单改造即可改产脲甲醛缓释肥，尤其在生产高氮肥品种时生产能力和产品质量都有明显提高，目前在国内已经新建或改建了多套生产装臵，形成产能约 1 Mt/年。脲甲醛缓释肥具有养分释放均匀、周期长、不易流失、释放完全、利用率高的特点，而且能被微生物完全分解、无残留、对环境友好，符合发展绿色生态农业的要求。因此，施用脲甲醛缓释肥可降低农业的生产成本，提高农业效益，在一定的时期内，脲甲醛复合肥及其牛产技术必将得到进一步的推广应用。

三、稳定性肥料

稳定性肥料是指在生产过程中加入了脲酶抑制剂和（或）硝化抑制剂，施入土壤后能通过脲酶抑制剂抑制尿素的水解，和（或）通过硝化抑制剂抑制铵态氮的硝化，使肥效期得到延长的一类含氮（含酰胺态氮/铵态氮）肥料，包括含氮的二元或三元肥料和单质氮肥。

目前这种肥料在农业生产中应用的主要有这么几个大的类型：第一类是稳定性的复合氮，第二类是稳定性的尿素，第三类是稳定性复合肥，第四类是稳定性掺混肥。

1. 稳定性肥料作用原理及行业标准

该技术主要根据土壤酶学原理，利用环境友好的脲酶抑制剂与硝化抑制剂协同增效作用和增铵营养原理，通过控制进入土壤氮的形态比例，提高氮的同化效率，控制氮损失，延长肥效期，提高氮肥利用率，进而使作物增产。其中抑制剂是稳定性肥料的核心，涉及的生化抑制剂有脲酶抑制剂、硝化抑制剂和复合抑制剂三大类。

（1）脲酶抑制剂。在一段时间内通过抑制土壤脲酶的活性，从而减缓尿素水解的一类物质。尿素施入土壤中后，开始以分子态溶于土壤水中。溶于水的尿素分子少部分被作物吸收，还有少部分被土壤吸附，绝大部分尿素发生反应，即在第一步中，尿素被转化城不稳定的氨基甲酸铵盐，然后在土壤微生物分泌的脲酶的作用下，水解成碳酸铵、碳酸氢铵和氢氧化铵。尿素只有转化成铵态氮后，才可被作物大量吸收。脲酶的活性与土壤酸碱度、温度、湿度有关。

湿度适宜时，温度越高。脲酶活性越大，尿素转化越快。在10℃时，尿素转化需7~10d；20℃时需4~5d；30℃时只需2d，即可全部转化为碳酸铵。脲酶抑制剂能够抑制或杀死脲酶，抑制或阻止尿素水解转化为碳酸铵。

（2）硝化抑制剂。硝化抑制剂是一类通过抑制亚硝化细菌在土壤中活性高峰期出现的时期，从而抑制氨离子氧化进程的物质。硝化抑制剂通过抑制硝化细菌及亚硝化细菌，控制氨离子向亚硝酸根及硝酸根转化。保持氮以 NH_4^+ 的形态更长。从而控制流失与反硝化损失。环境中两种重要气体 N_2O 和 NO 的形成可以被认为是硝化过程的产物。当硝化抑制剂加入到氮肥中施入土壤后，通过阻止或至少减缓土壤中亚硝化细菌的括性能够延缓 NH_4^+ 向 NO_2^- 的转变（进一步转化成 NO_3^-）。

（3）复合抑制剂。协同组合与配伍，调节氮的转化过程和进程，控制氮形态，减少损失，创造增胺营养环境，提高效率（图5-1）。

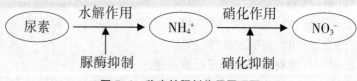

图5-1　稳定性肥料作用原理图

2. 不同类型的稳定性肥料及特点

2013年国家将稳定性肥料纳入生产许可证管理时，将稳定性肥料做出了分类。即只在肥料中添加脲酶抑制剂的肥料叫作稳定性肥料1型；只在肥料中添加硝化抑制剂的肥料叫作稳定性肥料2型；同时添加两种抑制剂的肥料叫作稳定性肥料3型。

稳定性肥料田间表现效果与氮素原料选择不同，以及所用抑制剂的不同，效果差异很大。

含尿素的肥料有效期要大于铵态氮肥的有效期尿素氮肥（酰胺态氮）在土壤中的有效期长达50d左右，而铵态氮肥的有效期只有

30d 左右（表 5-1）。

表 5-1　稳定性肥料要求

项目	稳定性肥料 1 型 （仅含脲酶抑制剂）	稳定性肥料 2 型 （仅含硝化抑制剂）	稳定性肥料 3 型 （同时含有两种抑制剂）
尿素残留差异率（%）≥	25	—	25
硝化抑制率（%）　≥	—	6	6

（此表摘自稳定性肥料行业标准 HG/T 4135-2010）

单一的抑制剂其作用时间约 20d，而通过科学的方法将脲酶抑制剂和硝化抑制剂配合在一起，则起到协同增效作用，其延长氮肥有效期的时间能达 40d 以上。生产实践说明，稳定性肥料 1 型、2型要比稳定性肥料 3 型肥效期至少短 20d。

3. 稳定性肥料的生产与应用现状

稳定氮肥的生产与应用现状在世界较常见的稳定性肥料有ALZON、BASAMMON，在我国较常见的稳定性肥料沈阳产的"长效碳酸氢铵"、华锦牌"稳定性尿素""免追旺"及八达岭玉米专用肥等纯氮肥和复混肥。

稳定性氮肥的应用脲酶、硝化抑制剂可以用于多种农作物。由于氮素利用率的提高，它们的应用或者导致了更高、更持续的农作物产量，或者在产量不变的情况下减少了氮肥用量。在不降低产量水平的情况下，氮的用量可减少 15%~20%。与控释肥料应用比较，脲酶、硝化抑制剂的应用，对农民更能带来经济效益，更有实际意义（表 5-2）。

4. 稳定性肥料的优势

以稳定性尿素为例，比较稳定性尿素与普通尿素以及其他缓控释氮肥的优势。

稳定尿素较普通尿素的优势与普通尿素相比，稳定尿素具有以下优势。肥效期长，具有一定的可控性。普通尿素的肥效期 50d，而稳定尿素肥效期可延长到 90~120d，而且可以通过改变稳定剂的添加量，实现一定的可控性，对于部分作物，通过一次基施，可以

表 5-2 稳定肥料的类型与生产厂

商品名	养分含量	添加剂	生产地
ALZON47	含 N 47%	DCD	德国 BASF
ALZON27	含 N 27%，S 13%	DCD	德国 BASF
BASFMMON	N 27%，S 13%	DCD	德国 BASF
NITROPHOSKA	N、P、K；12-8-17，MgO 2%，S 7%	DCD	德国 BASF
PIASIN28	含 N 28%	DCD 和 3MP	德国
NITROPHS	—	DCD	德国 SKW
长效碳酸氢胺	含 N 17%	DCD	中国科学院沈阳应用所
复合型长效尿素	含 N 46%	复合型田间剂	中国长春长农商社（生态所技术）
八达岭（玉米专用肥）	N、P、K 合计 30%	NAM 添加剂	大连长城高效有机肥有限公司

满足作物一生对氮肥的需求，而不用再追肥。氮养分利用率高，稳定尿素采用了控释释放与保护有效性相结合的技术，它的供肥状况优于速效肥，肥料中被作物有效吸收的比例增加。养分的缓慢释放能防止供肥过剩，在施肥点附近的土壤溶液盐浓度明显低于速效肥。因此，受暴雨或漫灌而淋湿及逸入空气中所损失的比例少。通常，稳定肥料可比速效肥料氮的利用率提高 10%~30%。稳定肥料由于改变了普通速溶肥料供应养分的特点，使肥料中营养成分的释放速率与作物的吸收规律趋于一致，因此使利用率得到提高。

稳定性氮肥与其他缓控释氮肥竞争最大优势，就是成本优势。如华锦牌稳定性尿素，每吨产品需稳定剂不足 10kg，每吨稳定剂售价 3 000~4 000/t，也就是说每吨稳定性尿素稳定剂成本 20 余元，在原有尿素生产线基础上，基本不增添什么设备，也就不会增加机械损耗成本和动力成本，所以成本只比普通尿素多 20 余元。而其他长效氮肥产品，工艺一般改动较大，增加大量设备投资，而且加工材料成本较高，整个产品增加成本，少则几百元，多则上千元，所以售价很高，市场难以接受。相对来说，稳定尿素，可调价格空间较大，市场较容易接受。

四、有机缓释肥料

有机缓释肥料是一类新兴的缓释肥料，它是指以天然活性有机物质为核心实现养分缓释的肥料。

1. 有机缓释肥料的作用原理

有机缓释肥料中的天然活性有机物质具备胶质体、高代换量、络合性、吸附性等特点，在适当的配比和工艺条件下，无机养分和有机组分相作用，形成以有机组分为核心的有机无机络合体，从而有效地改善营养元素的供应与生物有效性。

有机缓释肥料中的天然活性有机物质在进入土壤后对土壤微生物产生激发作用，促进有机氮（微生物氮）和无机氮的交换。在肥料施用前期，土壤无机氮浓度较高，肥料氮被微生物暂时储存；在后期，有机氮逐渐矿化，供给作物生长吸收利用。

2. 有机缓释肥料的特点

有机缓释肥料以一种环境友好的方式实现了养分缓释，相比常见的缓释肥更安全、更环保、更有利于土壤健康。有机缓释肥料具备以下几个特点。

（1）环境友好。有机缓释肥料以天然活性有机物质为载体，对土壤环境和生态无威胁；同时，实现了农业废弃物的资源化利用。

（2）有利于土壤改良。有机缓释肥料施入土壤后，其中的有机物质逐步腐殖化，连年施用将提升土壤有机质含量，改善土壤微生物环境。养分缓释亦可有效缓解化肥滥用对土壤的破坏。

（3）特殊的养分缓释方式。有机缓释肥料的养分缓释方式有别于包膜肥料、脲醛肥料和稳定性肥料，难以用传统的缓释肥料参数去定义和解释。由于是一种新兴的缓释肥料，目前尚无相应的国家标准或行业标准，数家研究机构（或公司）目前正在为有机缓释肥料行业标准的出台而努力。

3. 有机缓释肥料的发展前景

有机缓释肥料在国家"一控两减三基本"的基础上应运而生，同时为农业废弃物的资源化利用开启了一扇新的大门。它的不断发展能够有效解决化肥滥用、土壤退化、秸秆焚烧、水体硝酸盐污染等我国在农业上面临的几大难题。有机养分和无机养分结合使用的方式是对以往偏施无机肥料的改变。

以万里神农有限公司为首的研发团队正在不断对有机缓释肥料的缓释机理进行完善，假以时日，有机缓释肥料必然会在缓控释肥乃至整个肥料行业开拓出一片属于自己的广阔市场。

4. 有机缓释肥料的减肥增效作用

万里神农有限公司研发的有机缓释肥料产品在水稻、葡萄、草莓、西甜瓜、马铃薯、茶叶等作物上开展了连年的试验示范，并运用同位素示踪等技术手段对有机缓释肥料的养分利用率进行研究。

该公司的研究结果显示，有机缓释肥料的养分利用率可达 60%；与普通常规施肥相比，施用有机缓释肥料可在减肥 20%~50%的同时将作物产量水平维持在较高水准；与此同时，有机缓释肥料种出的果实（水稻、葡萄、西甜瓜、草莓等）品质明显优于常规用肥。

五、缓控释肥的田间应用分析

通过这几年浙江省的田间试验、示范、应用效果看，在实现稳产基础上，氮肥减量 20%以上，地力水平好的田块可以一次性施肥，并达到减氮、节本、省工的作用，同时依托缓控释肥推广平台，将有助于建立一条健康栽培、农田环境保护、耕地可持续发展的种植模式。

（一）水稻上应用效果分析

1. 早稻

在浙江省的金华、诸暨、苍南等县市均开展了早稻试验、示范。以诸暨市为例，诸暨土肥站于 2016 年 3—7 月在暨阳街道五浦头村种粮大户张均平的承包田里开展了早稻万里神农水稻缓控肥应用试验示范。示范田块地力均匀，黏性土壤，耕层厚度为 16cm，排灌条件良好，空闲越冬。试验品种为早籼稻中早 39，设 2 个大区施肥处理（表 5-3），不设重复。每大区面积为 15 亩，各试验区隔离田埂（沟）宽 30cm，进排水口独立，以防肥水相互间渗漏。基肥在 4 月

11 日整地时（插秧前）一次性施入，分蘖肥在 4 月 17 日（插秧后第六天）施入，其他水分管理、防病治虫除草等按常规栽培措施进行。

表 5-3　不同处理的施肥量　（单位：kg/亩）

序号	处理	基肥	分蘖肥
1	化肥减量	有机缓释水稻专用肥 40	尿素 10
2	常规施肥	碳胺 20+磷肥 25	尿素 11.5+氯化钾肥 9.5

每小区随机取样 10 丛，在成熟收割时，考察株高、穗长、有穗数、每穗总粒数、每穗实粒数、结实率，各示范区进行人工单收、单打，晒干扬净后称重并折算成亩产。本次试验相关调查数据见表 5-4。

表 5-4　不同处理的生物性状表现

处理	株高 (cm)	总粒数	实粒数	结实率 (%)	亩有效穗 (万)	千粒重 (g)	理论产量 (kg/亩)	实际产量 (kg/亩)
1	115	114.5	101.4	88.56	18.1	28.1	515.7	88.4
2	14	113.1	99.2	87.71	7.8	28.2	497.2	445

从田间取样分析看，各处理对水稻株高、千粒重、结实率影响不大，处理 1 的总粒数、实粒数、有效穗和产量比处理 2 要高。产出效益比较，化肥减量处理平均亩产为 488.4kg，常规施肥为 445kg，化肥减量处理增产 43.4kg，增幅为 9.66%。计算各处理的水稻销售收益（按 3.2 元/kg 计）、肥料投入成本，设定其他投入一致比较相对增益，化肥减量处理增效为 81.8 元/亩（表 5-5）。

从化肥减量分析，常规施肥亩养分总投入为 17.89 kg，$N:P_2O_5:K_2O$ 比为 8.69:3.5:5.7；缓释肥处理亩总养分投入为 13.45 kg，$N:P_2O_5:K_2O$ 比为 9.45:1.6:2.4。化肥减量处理能减少养分投入 4.44kg/亩，降幅达 24.81%（表 5-6）。

从本次试验结果来看，有机缓释肥 40kg/亩加施尿素 10kg/亩能增产 9.66%，减少养分投入 24.81%。

表 5-5 不同处理的相对增效（单位：元/亩）

处理	肥料成本（元/亩）	肥料成本增加（元/亩）	增产情况			粮食增收（元/亩）	增效（元/亩）
			产量（kg/亩）	增产（kg/亩）	增幅（%）		
1	133.5	47.2	488	43	9.66	129	81.8
2	86.3	—	445	—	—	—	—

表 5-6 不同处理的化肥用量（单位：kg/亩）

处理	肥料折纯用量（kg/亩）				化肥减量情况	
	N	P_2O_5	K_2O	合计	减肥(kg/亩)	减幅(%)
1	9.45	1.6	2.4	13.45	4.44	24.81
2	8.69	3.5	5.7	17.89	—	—

2. 连作晚稻

连作晚稻应用缓控释肥，在浙江省的金华、温州、衢州等县市均有应用，以金华市为例。试验时间为 2016 年 6—12 月，试验地点金华市白龙桥镇，供试水稻品种：甬优 9 号，大区面积：300m²，具体施肥量及有效养分用量见表 5-7。

表 5-7 不同处理在晚稻连晚上具体施用量及有效养分用量

处理	总养分（N-P_2O_5-K_2O）	基肥(kg/亩)	分蘖肥 1(kg/亩)	分蘖（亩）
CK(A)	0-0-0	不施肥		
有机缓释肥(B)	7.5-2.0-3.0	有机缓释肥 50		
有机缓释肥+追肥(C)	8.1-1.2-4.6	有机缓释肥 30	尿素7.7+钾肥 4.6	
常规施肥(D)	11.6-3.4-6	碳铵 30+过钙 20	尿素 10+钾肥 7.5	尿素 4.2+钾肥 2.5
与处理 2 等养分常规肥(E)	7.5-2.0-3.0	碳铵 20+过钙 17	尿素 8.9+钾肥 5	

从分蘖动态和生育期看（图 5-2），连作晚稻最高分蘖数、有效穗数均为常规施肥处理时最高，其次是缓释肥 30kg + 追肥处理、缓释肥 50kg 处理；处理 B 与处理 E 相比，高峰苗数下降，但有效穗却增加，说明缓释肥有利于形成 "小群体、壮个体" 的高产群体结构。

从不同处理生育期及产量变化情况，缓释肥 50kg 处理的始穗期、齐穗期要比常规施肥处理提前 1d 左右，有效穗在常规施肥处理最高，其次是缓释肥 30kg+追肥、缓释肥 50kg，与处理 2 等养分处理最低（CK 除外）；处理 B、C 的产量与常规施肥处理无显著差别，但 B、C 处理氮肥用量比常规施肥减少 35.34%、30.17%（表 5-8）。

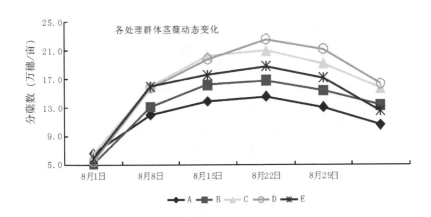

图 5-2　连作晚稻的分蘖动态图

表 5-8　不同肥料处理对连晚生育期及产量的影响

处理	始穗期 （月-日）	齐穗期 （月-日）	有效穗 （月-日）	成穗率 （%）	产量 （kg/亩）	比常规施肥 减氮（%）
A	9 月 16 日	9 月 19 日	10.6	72.73	413.9	100.00
B	9 月 18 日	9 月 21 日	13.3	79.22	465.4	35.35
C	9 月 19 日	9 月 22 日	15.9	74.85	470.5	30.17
D	9 月 19 日	9 月 22 日	16.3	70.38	472.0	—
E	9 月 18 日	9 月 21 日	12.5	66.59	451.8	35.335

3. 单季稻

单季稻是浙江省水稻的主要种植模式，因此，其应用缓控肥的面积也最大，浙江省主要县市均有应用，现以嘉兴市土肥站在秀洲区洪合镇大桥村的示范区为例。秀洲区洪合镇大桥村黄夫生农户，面积 105 亩。土地系 2013 年平整，基础肥力差。晚稻品种为杂交晚稻甬优 1540。翻耕直播，播种量 1.0kg／亩。播种期 5 月 29 日。硫脲铵示范区用肥量为秸秆还田 300kg／亩，44%（18:8:18）水稻配方肥 30kg／亩，分基肥、分蘖肥二次施用。28% 硫脲铵 30kg／亩，分长粗肥、穗肥二次施用。收割时约有 10% 面积发生倒伏，平均亩产湿谷 903kg／亩（含水量 24.5%），折算干谷（含水量 14.5%）813.4kg／亩。

施肥效应分析：

（1）施肥量。44% 水稻配方肥 30kg/亩，分基肥、分蘖肥二次施用。28% 硫脲铵 30kg/亩，分蘖肥、穗肥二次施用。前者比后者 28% 硫脲铵多 5kg/亩和 44% 水稻配方肥多 2.5kg/亩。两地比群众习惯施肥分别减少氮素投入量 3.8kg/亩、5.4kg/亩。

（2）施肥时期。先施配方肥后施脲铵，从田间生长观察，早施配方肥因氮磷钾养分全面有利于早发早分蘖。

（3）品种耐肥性。品种甬优 1540，施肥量少，收割时约有 10% 面积发生倒伏，相对来说耐肥性差，有待继续探索。

另外，在示范区设立好乐耕有机缓释水稻肥、配方肥+脲铵、清华水稻专用肥等三块田的大区比对试验，大区面积分别为 2.8~9.03 亩不等，以自然田埂隔离，进行肥料及施用方法的对比试验（表 5-9）。

小区对比试验的生长与产量分析（表 5-10）：

（1）好乐耕有机缓释水稻肥的田块，杂交稻从苗期到收获一直生长很好，后期倒伏面积为 15%，表明该肥料后期肥力足。小区实割产量最高，达 799.7kg/亩，比另两块田增产 6.4kg/亩、51.0kg/亩。

（2）配方肥+脲铵处理肥力稳长。配方肥+脲铵处理的田块约有 18% 倒伏，说明肥料还有点过量。产量位居第二，比好乐耕有机缓释水稻肥减 6.4kg/亩，比清华水稻专用肥增产 45.0kg/亩。

表 5-9　缓控肥单季稻的田间试验方案

肥料处理	面积(亩)	水稻品种	肥料施用数量与方法	折氮磷钾(kg/亩)		
				N	P_2O_5	K_2O
好乐耕有机缓释水稻肥	6.07	甬优1540	基肥：施用 25%（15:4:6）好乐耕有机缓释水稻肥 50 Kg/亩；穗肥：尿素 5Kg/亩	9.8	2.0	3.0
配方肥+脲铵	5.76	甬优1540	基肥：施用 44%（18:8:18）配方肥 15kg/亩；分蘖肥：44%（18:8:18）配方肥 15kg/亩，28%硫脲铵 15kg/亩；穗肥：28%硫脲铵 15kg/亩	13.8	2.4	5.4
清华水稻专用肥	9.03	甬优1540	基肥：35%（12.5:5:17.5）清华水稻专用肥 30kg/亩；分蘖肥：35%（12.5:5:17.5）清华水稻专用肥 20kg/亩；穗肥：尿素 7.5kg/亩	9.7	2.5	8.75

注：秸秆还田各 300kg/亩

表 5-10　缓控肥单季稻的田间试验水稻实产表

肥料处理	小区实割产量（kg/亩）		
	实产收割面积（亩）	湿谷	亩产
好乐耕有机缓肥	0.982	926.6	799.7
配方肥+脲铵	793.3	0.806	910.8
清华水稻专用肥	1.214	866.4	748.7

（3）清华水稻专用肥反映也良好。清华水稻专用肥处理的田块约有 15%倒伏，也说明肥料有点过量，亩产 748.7kg，位于 3 块田第三。

对养分投入的分析：

（1）好乐耕有机缓释水稻肥 N、P_2O_5、K_2O 为 25%（15:4:6），比习惯施肥氮素分别减量 6.92kg/亩和 9.4kg/亩。

（2）配方肥+脲铵处理养分投入 N、P_2O_5、K_2O 分别为 13.8kg/亩、2.4kg/亩和 5.4kg/亩，若习惯施肥用尿素的话，则折算养分投入

N 19.2kg/亩，显然氮素施用量太多（从历年晚稻试验资料看，施用脲铵与尿素长势与产量差不多），施用脲铵节氮 5.4kg/亩，节氮 28.12%。从本试验看，N13.8kg/亩还有点过量，若改为亩施配方肥 30kg +脲铵 25 kg 为宜，则 N、P_2O_5、K_2O 分别为 12.4 kg、2.4 kg、5.4kg，比习惯施肥节氮 35.42%，化肥减量增效更为明显。

（3）清华水稻专用肥亩用量 50kg +尿素 7.5kg/亩，养分投入N、P_2O_5、K_2O 分别为 9.7 kg/亩、2.5 kg/亩、8.75kg/亩，尤其是钾素投入量相当于14.6 kg/亩氯化钾，对缓和晚稻缺钾起重要作用，而且节氮效果明显，节氮 9.5kg/亩。

对肥料成本核算（表 5-11）：

表 5-11　肥料成本核算

肥料处理	每亩用量	成本(元/亩)
好乐耕有机缓释水稻肥	25% 好乐耕有机缓释水稻肥 50kg/亩；尿素 5kg/亩	132.50
配方肥+脲铵	44%配方肥 30kg/亩；28%硫脲铵 30kg/亩	100.50
清华专用肥	35%清华水稻专用肥 50kg/亩；尿素 7.5kg/亩	161.25

注：化肥价格：44%水稻配方肥 2000 元/t，28%硫脲铵 1350 元/t，25%好乐耕有机缓释水稻肥 2500 元/t，35%清华水稻专用肥 3000 元/t，46%尿素 1500 元/t

从肥料成本核算看，施用清华水稻专用肥成本最高，达 161.25 元/亩；其次是好乐耕有机缓释水稻肥，成本 132.5~140.60 元/亩，而施用配方肥+脲铵成本最低，达 100.50 元/亩。

小结：

（1）好乐耕有机缓释水稻肥成本居中、产量高。达 799.7kg/亩，比另两块田增产 6.4kg/亩、51.0kg/亩。而肥料成本配方肥+脲铵最便宜，计 100.50 元/亩，好乐耕有机缓释水稻肥其次，清华水稻专用肥最高。

（2）从化肥减量结果看，3 个肥料组合均比习惯施肥都能大幅减量。配方肥+脲铵处理减氮 5.4kg/亩，减幅 28.12%；好乐耕有机缓释水稻肥 2 个点分别减氮 6.92kg/亩、9.4kg/亩，减幅分别为 36.04%、48.96%；清华水稻专用肥减氮 9.5kg/亩，减幅 49.48%。

（3）好乐耕有机缓释水稻肥施用生长表现很好，产量领先，比另两块田增产 6.4kg/亩、51.0kg/亩。好乐耕有机缓释水稻肥一次性施用，农户感到很方便。但相关结果仍有待于在不同肥力的土壤上、不同品种上继续进行多点试验。

（4）配方肥+脲铵处理生长表现一直很好，产量水平较高。从试验用量看氮素略为过量，若改为配方肥 30kg/亩+脲铵 25kg/亩为宜，则 N、P_2O_5、K_2O 分别为 12.4kg/亩、2.4kg/亩、5.4kg/亩，可比习惯施肥节氮35.42%，化肥减量增效更为明显。同时强调配方肥必须施用于基肥或苗肥，以充分发挥磷钾肥促进发棵分蘖的作用；为减少两种肥料的施肥次数，可推荐 2 次或 3 次施肥。

（二）榨菜

试验示范地点选择在浙江省海宁市榨菜传统种植区的斜桥镇黄墩村榨菜示范区，示范基地选择在村榨菜生产基地和神龙小吃佬（企业）种植基地。试验基地土壤为黄斑田。

试验处理分四处理：① 有机肥+缓释肥；② CK Ⅰ，有机肥+配方肥；③ CK Ⅱ，当地农民习惯施肥；④ CK Ⅲ，有机肥+复混肥。

试验设 3 次重复，共 12 个小区，随机区组排列，小区面积不小于20m²，小区周围设保护行。

施肥要求：有机肥均作基肥，用量以处理③ CK Ⅱ为基准，其他 3 个处理的有机肥用量均与处理③ CK Ⅱ一致；海宁市有机肥用量统一使用禽粪 1000kg/亩。

处理①④，缓释肥和复混肥用量均为 50kg/亩，其中缓释肥分两次施用，复混肥分 3 次施用；处理②按配方肥推荐方法施用，处理③按当地农民习惯施用（表 5-12）。

大田示范区面积（表 5-13）超过 130 亩，其中缓控释肥区面积为 10.5 亩。示范区内统一品种，统一种植密度（4 寸×3.5 寸，1 寸=3.3cm），统一病虫防治和水分管理。收获期，分别在 4 个处理中各选择有代表性的田块，按要求进行测产。以往实践表明，榨菜前期

表 5-12　榨菜示范试验对比各处理用肥量对照表

编号	处理	有机肥 (kg/亩)	化肥用量 (kg/亩)	化肥总 氮量(kg)	施用方法
1	有机肥+ 缓释肥	1000	缓释肥：50 尿素：26	N：22	缓释肥作基肥（30Kg）， 1 月底再施一次（20kg）
2	有机肥+ 配方肥	1000	尿素：47.8 普钙：40 氯化钾：10	N：22	磷肥全部作基 肥，钾肥 分两次施用
3	当地农户 习惯区	1000	尿素：65.2 普钙：30	N：30	磷钾肥全部作基肥施用
4	有机肥+ 复混肥区	1000	自混复混肥：50 尿素：26	N：22	复混肥作基肥（30kg）， 1 月底再施一次（20kg）

注：缓控释肥为金正大生产，配比为（20-8-15）不宜做追肥、需覆土。
复混肥用尿素、普钙、氯化钾混合而成，配比同缓释肥。

表 5-13　核心示范各处理实际肥料施用量

编号	处理	有机肥	N	P_2O_5	K_2O
1	有机肥+缓释肥	1000	22.0	4.0	7.5
2	有机肥+配方肥	1000	22.0	4.8	6.0
3	当地农户习惯区	1000	30.0	3.6	0
4	有机肥+复混肥区	1000	22.0	4.0	7.5

表 5-14　核心示范各处理榨菜实产汇总（鲜菜）

编号	处理	村示范产量（kg/亩）	基地产量（kg）	平均
1	有机肥+缓释肥	2633	3800	3216.5
2	有机肥+配方肥	2366	3966	3166.0
3	当地农户习惯区	2200	3533	2866.5
4	有机肥+复混肥区	2133	4266	3199.5

生长与栽培时间迟、早有较大关系，本年度榨菜试验示范因选择在
生产基地进行，缺少人工而栽培较迟，产量水平相对不高，为中等
水平。田间生长观察表明，使用缓释肥前期生长比其他处理优势不
十分显著，有时略差于混配肥小区，说明其养分释放得到控制，也

达到了减少肥料流失的目的。示范区榨菜由于栽培略迟，因此总体生长略差。但使用缓释肥的后期生长明显超过农户习惯施肥处理，也略好于其他小区，优势有所表现（表5-14）。

从产量汇总数据可以看出，使用有机肥加缓释肥的处理平均产量最高，亩产达3 216.5kg/亩；其次是有机肥加同配比的复混肥区，产量达3 199.5kg/亩；这两个处理比农户对照分别增产350kg/亩和333kg/亩，也略高于当地推荐配方施肥处的产量。本次试验示范表明，在迟栽、土壤肥力略差的田块其增产作用要更加显著，有机肥加缓释肥的处理平均产量最高，亩产达2 633kg/亩，比有机肥加同配比的复混肥区增产500kg/亩；而栽培略早，且农田肥力较好时，则没有表现出增产效果，其产量水平与当地配方施肥处理相当。原因可能与农田土壤本身的养分保蓄能力及后期土壤提供养分的能力强弱有关。

初步示范试验表明，榨菜缓释肥在土壤肥力稍差、榨菜作物生长后期供肥不足的农田上能发挥较好的生产作用，而对于土壤肥力较好的农田则需要改进施肥方法，调整施肥结构，从而进一步发挥缓释肥的增产、保肥作用。

第六章　信息系统在化肥减量增效中的应用

第一节　信息系统建设的意义

　　土壤、作物、养分间的关系十分复杂，虽然我们已确定了作物生长过程中必不可少的大量元素和中微量元素，但作物需求养分的程度因植物的种类不同而有差异。即使同一种作物，不同的生长期对养分的需求程度差异很大。很多作物在营养最大效率期对某种养分需求数量最多，营养效果最好。同一种作物不同养分的最大效率期不同，不同作物同一养分的最大效率期也不同。不同养分具有养分不可替代性。为消除最小养分率的限制，大量地使用化肥，而这又造成一系列的环境问题。所以为取得良好的经济效益和环境效益，适应不同地区、不同作物、不同土壤和不同生长环境的需要，变量处方施肥是未来施肥的发展方向。精准施肥是将不同的空间单元产量与其他多层数据（土壤理化性质、病虫草害、气候等）的叠加分析为依据，以作物生长模型、作物营养专家系统为支持，以高产、优质、环保为目的的变量处方施肥理论和技术。精准施肥是信息技术（RS、GIS、GPS）、生物技术、机械技术和化工技术的优化组合。精准施肥的基础是信息系统。精准施肥目前主要有两种形式，一是实时控制施肥。根据监测土壤的实时传感器信息，控制和访问期间调整肥料的投入数量，或根据实时监测的作物光谱信息分析调节施肥量。二是处方信息控制施肥。决策分析后的电子地图提供的处方施肥信息，对田块中肥料的撒施量进行定位调控。

随着大数据系统在农业上的广泛应用，信息技术在化肥减量增效上也发挥着较大作用。减肥增效需要以准确了解耕地地力为前提，而土壤肥力的变化和分布，与地理空间有着极为紧密的联系，使用地理信息系统作为辅助是农业正确实施减肥增效所不可或缺的技术手段。当前，获取耕地基础地力信息的有效途径仍然是通过对耕地的取样化验和分析，即通过在目标区域内布设适量的代表性点位进行取样，通过化验分析获取该点位的土壤有机质、氮、磷、钾、pH及中微量元素等的土壤地力相关的基本信息，再结合适当的数学模型，由点及面，推算目标地块的整体地力水平，并以此为依据进行科学施肥。

从有限的点位数据推算面域分布变异，需要使用空间插值和地统计算法来实现，这也是当前公认的最为有效可行的方法，而这其中就要涉及海量的数据和运算，依靠传统的简单表格和人工计算，显然难以胜任，需要借助地理信息系统的软件平台来实现。同时，土壤地力空间变异信息的表达，仍需借助地理信息系统平台。因此，建设农业地理信息系统，是实现减肥增效、科学施肥的必要条件。

农业技术推广是农业从研究到应用的必经之路，一个高效、可行的推广手段，直接影响着技术推广应用的效果。农业科研、管理人员通过取样分析，获得了耕地地力信息，结合不同作物对养分的不同需要，形成了因作物、因地而异的科学施肥模型，结合试验结果和实践经验，形成了有效的施肥方案——施肥技术。如何把这个技术传递到一线从事生产的用户手中，这便是技术推广。技术的推广有多种途径，如传统的黑板报、大字报、宣传单（施肥建议卡）、报纸等，进一步有广播、电视专题片、Web网站、PC端专家系统、触摸屏一体机、移动APP等。当然，不同的形式，推广效果也存在明显的差异。随着信息技术应用的普及，传统的纸质媒介推广不但费时费力，且效率低下，已日显落后。对农业这样一个相对差钱的行业来说，通过广电媒体传播复杂多变的施肥技术，在成本上显然也难以接受。基于互联网的Web网站、专家系统、移动APP或触摸屏一体机，则是成了当前最为高效、可行的推广手段，而这一手段的实施，也同样需要以农业信息系统建设为前提。

基于地理信息技术开发集成的农业地理信息系统，以电子地图为背景，以数据库为基础，海量数据隐藏于底层，通过地理信息平台的结合模型计算，实现地图可视化表达，完成人机交互。因而，施肥咨询农业地理信息系统的建设，需要有数据库建设、施肥模型筛选和信息系统集成这三大环节。

随着全国测土配方施肥与耕地地力评价工作的逐步完成，以此成果为基础的科学施肥技术推广任务也逐步在全国各地兴起。科学施肥技术是农业技术推广中的关键环节之一，在信息技术高度发展的今天，通过计算机技术、网络技术、移动互联等技术手段实现农业技术咨询面向大众的传播、应用，已逐步代替传统的黑板报、大字报、宣传单等传统形式，成为了农业技术推广的主流手段。

基于地理信息技术开发集成的农业信息系统，以电子地图为背景，海量数据隐藏于底层，使用户可以直观可见的互动形式与机器实现交流。

第二节　数据库建立

数据库是信息系统发挥效能的根本，也是整个系统组成的最关键部分。本系统的数据库可分为基础数据库和业务数据库两大部分，再由业务数据库衍生出养分专题库，为配合触摸屏一体机、移动APP的离线应用而生成离线数据包。

一、基础数据库建设

基础数据库即为提供背景地理信息服务的空间数据库，这是一种金字塔形多分辨率层次模型地图（图6-1），包含2~18级的高清多图层瓦片，由卫星影像图层、县镇村3级行政界线图层、道路和地物注记图层3个图层动态叠加而成，最大比例尺（18级）约1:2000。

在地理信息系统构建中，底图可直接调用公网免费的地图服务，如谷歌地图、天地图、ESRI地图、Bing地图、百度地图等，均可通过这些网络地图服务商各自提供的 API 进行免费调用和扩展。由于安全、保密等因素，各大服务商提供的地图服务均使用了一定的偏移处理，因此在调用不同源服务叠加时，需要作相应的偏移还原处理。

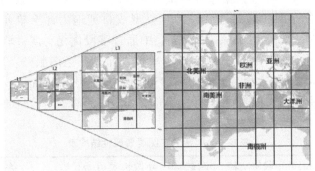

图 6-1　金字塔形多分辨率层次模型

为了方便在自我集成的信息系统中与自有的业务图层无缝叠加，亦可自建 Web 地图服务。根据瓦片地图规范，采用 Web Mercator 坐标系，谷歌地图的坐标参数，使用 ArcMap 对地图进行分级切割，使其形成 256×256 像素 96dpi 分辨率的 PNG 格式图片集，再通过 ArcGIS Server 进行发布，形成瓦片地图服务，3 个图层的服务地址分别如下。

（1）卫星影像

http：//zaasdevsv/arcgis/rest/services/ZJIMG_W/Mapserver/WMTS/1.0.0/WMTSCapabilities.xml

（2）道路注记

http：//zaasdevsv/arcgis/rest/services/ZJIANO_W/Mapserver/WMTS/1.0.0/WMTSCapabilities.xml

（3）行政疆界

http：//zaasdevsv/arcgis/rest/services/ZJIBOU_W/Mapserver/WMTS/1.0.0/WMTSCapabilities.xml

（注：服务地址可能会因各种因素而有变更，如需使用，可与作者联系）

二、业务数据库建设

业务数据库为矢量地图数据，主要用于提供基于空间信息的属性查询服务。业务数据库以典型采样点信息为基础，叠加耕地（含园地）分布图，通过地统计计算，形成耕地地力评价单元图。在 ArcGIS Desktop（Catalog/ArcMap）中通过字段优化、属性联结，形成耕地分布图库，以县级为基本单位发布动态地图服务：http://zaasdevsv/arcgis/rest/service/FER330000/FER330183/Mapserver

数据库主表结构如表 6-1 所示：

表 6-1　耕地分布图要素属性结构表

字段英文名	字段中文名	字段类型	字段长度	小数位数	备注
Shape	要素类型	Geometry	—	—	内部字段，Polygon
Area	图斑面积	Double	11	5	内部字段
ObjectID	要素序号	Integer	10	0	内部字段
CntName	县市名称	Text	6	—	6 位行政编码
CntCode	县市代码	Text	6	—	
TwnName	乡镇名称	Text	10	—	
TwnCode	乡镇代码	Text	9	—	9 位行政编码
VilName	村庄名称	Text	10	—	
VilCode	村庄代码	Text	12	—	12 位行政编码
SGName	省土种名	Text	16	—	省统一命名土种
SProfile	剖面构型	Text	12	—	
STexture	耕层质地	Text	6	—	中国制质地分类
SLevel	地力等级	Text	8	—	地力评价等级
SOM	有机质	Double	5	2	g/kg
STN	全氮	Double	5	1	g/kg
SAP	有效磷	Double	5	0	mg/kg
SAK	速效钾	Double	5	0	mg/kg
SpH	酸碱度	Double	5	2	—

为使耕地地力评价成果能方便得以应用，本数据库在字段结构设计上均以地图评价结果数据库的数据结构为基础，相互之间完全兼容，可进行自由导入、导出。

三、专题图制作

采样点位数据经过"由点及面"空间插值计算，即形成了土壤属性空间变异图，再根据不同属性分等定级标准对其进行分级，便形成了土壤属性专题图。属性专题数据由采样点理化分析数据经插值计算而来，可动态、按需生成，故称衍生数据库（衍生库）。科学施肥，减量增效，需要以准确了解土壤有机质、氮、磷、钾、pH 等信息为前提，故而在施肥咨询系统的构建中，也包含了这 5 大常规土壤属性专题图的制作（图 6-2、图 6-3、图 6-4、图 6-5、图 6-6、图 6-7）。

1. 样点分布图

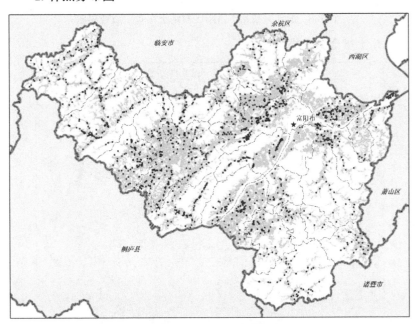

图 6-2 浙江省杭州市富阳区土壤样点分布图

181

2. 土壤有机质变异图

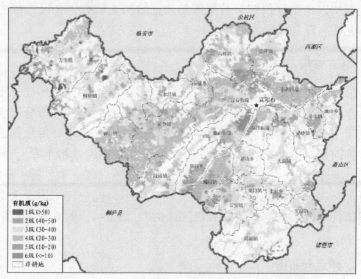

图 6-3 浙江省杭州市富阳区耕地土壤有机质变异图

3. 土壤全氮变异图

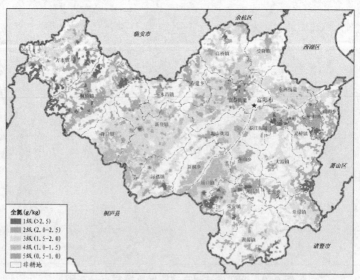

图 6-4 浙江省杭州市富阳区耕地土壤全氮变异图

4. 土壤有效磷变异图

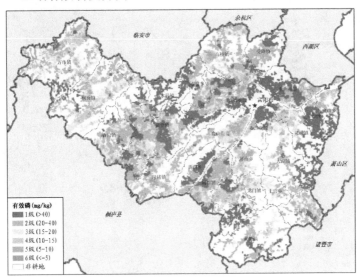

图 6-5　浙江省杭州市富阳区耕地土壤有效磷变异图

5. 土壤速效钾变异图

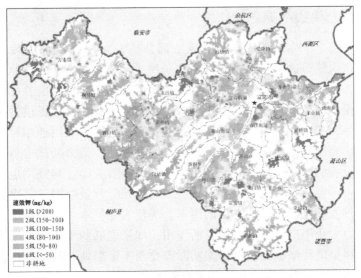

图 6-6　浙江省杭州市富阳区耕地土壤速效钾变异图

6. 土壤 pH 值变异图

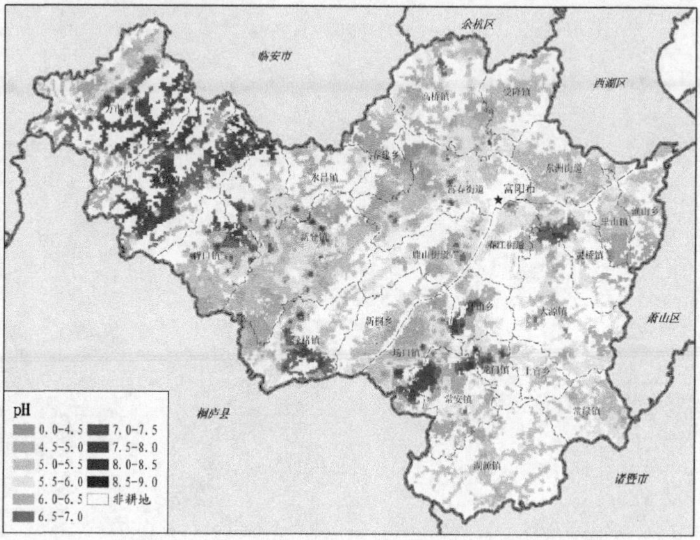

图 6-7　浙江省杭州市富阳区耕地土壤 pH 值变异图

四、离线数据包制作

当前，大多数的农业信息系统都是基于 Internet 网络开发集成的，这也使得这些专家系统的推广应用受到了客观条件的限制。一方面，在我国当前使用互联网接入的费用相对还是较高的，如果要大规模、大范围且长期地使用互联网接入来为广大农民提供技术咨询服务，费用开支渠道尚是一个问题；另一方面，农用地相对较为稳定，短期内土地利用类型不会发生明显变化，地力变化也是一个相对缓慢的渐变过程，因此在土壤测定数据等方面，其频率也不会太高；再者，受费用等因素影响，卫星影像等背景数据，其更新频率也较低。综合这 3 个方面的因素，为使农业技术（施肥技术）能真正为大众用户（广大农民）所应用，如果能够利用离线数据为应用程序提供数据服务，再根据实际需要而不定期地对离线数据包进行更新，不失为一种真正实用的有效手段。

　　自从谷歌把基于缓存瓦片技术的高清卫星影像地图带入普通大众用户视野之后，其亲和的界面、流畅的操作和震撼的表现效果即为技术开发者所追捧和模仿。地理信息系统开发人员总想方设法要把该技术融入自己的应用中，以便带来更佳的用户体验。

　　离线缓存地图可分为离散型（Exploded）和紧凑型（Compact）两种类型，前者占用较多的存储但方便于局部瓦片更新，后者则占用更小的存储空间且运行效率较高，各有优势。考虑到农业用地性质相对稳定，作为背景地图需频繁更新，因此选用后者，一则以提高其运行效率，二则方便数据迁移部署。

　　如何生成紧凑型离线地图包，当前共有两种方法：一是在ArcMap 中通过 MapDocument 生成；二是通过从 ArcGIS Server 地图服务中导出。第一种方法生成效率极低，对于业务图层等数据量不大的地图包，可选择此法。对于多级影像图层，如果使用第一种方法，则生成一个乡镇范围 2~18 级的多级地图包，需要连续不间断3~5d 甚至更长的时间，因此，在实际操作中该方法不可行。第二种方法相对高效，生成 2~18 级乡镇级范围的地图包，一般耗时0.5~2h。

　　一般影像数据来源于网络免费资源，多为切片数据。因此，如何利用这些即有切片是关键。如使用第一种方法，则需要对既有切片进行重新拼接、坐标投影配准，做成 MapDocument 文档，然后再通过 ArcGIS 进行重新切片。第二种方法是使用切片创建 ArcGISServer 缓存地图服务，然后再通过服务导出为紧凑型离线地图包。

　　为了便于数据更新维护，对地图进行分层切片，分别形成影像图层包、注记图层包、业务（耕地分布）图层包等离线瓦片数据包。当测土数据或是耕地分布情况等信息发生变化之后，只需要更新业务图层包即可，这样可以最大程度地节省数据更新工作量。

　　同时，为了实现离线查询，还需矢量格式的离线数据包。以地力评价单元图为基础，通过 ArcMap 的数据导出功能，可生成用于ArcGIS Runtime 安装部署的矢量压缩图层数据包（注：mpk），可在触摸屏一体机中离线应用。对于移动 APP，则通过 ArcMap 可生成另一种对应的离线矢量数据（注：geodatabase）参见图 6-8。

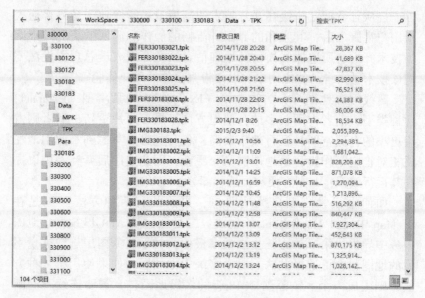

图 6-8　离线数据包

第三节　施肥模型筛选

施肥模型是施肥咨询系统的技术核心，不同的系统有各自不同的解决方案。基于公式计算推理的施肥模型在专家系统中最为广泛应用，但由于模型计算的结果过于精细，不利于实际推广应用。多年的应用实践证明，基于地力等级的施肥方案是基层技术推广中最为有效的施肥技术推广途径。

这一方法在过去也有应用，但却过于粗放。在地力等级划分中，只针对土壤肥力划分等级，即土壤的地力等级是固定的。这种划分未有考虑不同的作物对养分需求量的差异。而经验表明，不同的作物对地力的要求可能存在明显的差别，在同样的地力下，针对水稻可能属于高地力，而针对蔬菜则有可能还属于中低地力。因而我们提出，针对不同的作物划分地力等级的方法。

在当前施肥中，针对氮素，专家系统往往主推以产定氮法，而这一理论方法是在 20 世纪 80 年代这样一个特殊环境条件下由当时的专家们经试验得出的，一直沿用至今。并非说这一理论有错误，而是随着社会经济条件的发展，土壤环境的变化，这一理论在现今继续使用已经显得有点不合时宜。其一，在 20 世纪 80 年代的条件下，作物高产是农民的最大追求，现今则在很多情况下是要控制产量以提升品质；其二，在当时的社会条件下，农田中投入最多的肥料是农家肥，因价格等因素，化肥在施肥投入中所占的比重还较小，土壤的氮素普遍较低，因此施用氮肥能够产生明显的产量效益，但随着化肥投入量的不断增加，目前土壤中氮素已呈普遍过剩状态，氮肥投入的增产有效性已明显降低。

结合实地调查，考虑到不同的作物对土壤营养元素需求的差异，在进行地力分级中，也综合考虑作物类型。以便于基层推广，结合不同作物对养分需求量的差异，把土壤有机质、全氮、有效磷、速效钾 4 个要素均分高、中、低 3 个水平，作为有机肥、氮肥、磷肥、钾肥的用量参考因素，这样针对一种作物就形成了 4 要素 3 水平的 3×3×3×3=81 个组合，即一种作物在不同地力条件下最多有 81 种肥料用量组合方案，形成一个专家施肥方案知识库。再由当地熟悉施肥的专家逐级审定施肥方案，针对具有特定元素需求的作物，以及具有特定元素丰缺状况的特别区域，酌情添加微量元素、指定肥料使用宜忌，确保方案合理，从而真正起到减肥增效的作用。

同时，为便于推广配方肥，施肥方案可有单质肥和配方肥两套对照。

这种基于综合地力分级和专家知识库的施肥方案，相对于模型计算法得出的施肥方案：一是符合地方特定要求，可根据地域土壤元素特征对方案作区域性适配；二是避免乱用、错用肥料类型；三是方案更为简洁合理，不会出现比例不合理的配方肥，不会出现当地无法买到的配方肥。结合富阳区的主栽农作物类型、土壤特性和农户种植习惯等因素，当前完成了水稻、油菜、桑树、果树、茶树等 10 种作物（含种植模式差别）施肥方案（图 6-9）。

图 6-9　多作物施肥方案

第四节　测土配方施肥专家系统

一、信息系统总体设计

施肥咨询信息系统是基于 CIS 技术构建的施肥技术推广平台，包含服务器端和客户端两大部分。本系统以 ArcGIS Server + SQL Server 作为服务器端数据管理和应用发布平台，客户端通过互联网服务调用、生成离线数据包等形式获取服务器端的基础数据和业务数据，结合科学施肥模型的计算，为用户提供施肥咨询服务，其结构如图 6-10 所示。

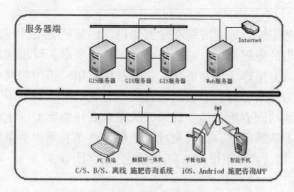

图 6-10　系统总体框架

服务器端包括：GIS 服务器和 Web 服务器。客户端包括：C/S PC 应用、B/S PC 应用、离线 PC 应用和移动 APP 四大部分。本系统中的 PC 应用即为基于 WPF 的触摸屏施肥咨询系统；B/S PC 应用即为 Web GIS 施肥咨询系统；移动应用包括基于 Andriod 和 iOS 两大平台的手机 APP。应用这三大客户端系统，即可通过点触地图，实现施肥技术咨询服务。

二、触摸屏施肥咨询系统

考虑到在部分地区，Internet 网络普及程度尚有不及，农民用户个人电脑拥有率及使用水平等也并不高，针对这种情况，开发了一套基于 WPF 的触摸屏施肥咨询系统，该系统不仅可以普通 PC 中应用，更可与触摸屏一体机结合应用。触摸屏施肥咨询系统既可支持网络服务数据，也可支持本地离线数据包，并且面向大众用户设计，功能简洁、使用方便，用户只需在以高清卫星影像为背景的地图上找到目标田畈，通过手指点击，即可获取施肥技术咨询服务。

1. 触摸屏系统界面设计

Windows Presentation Foundation（WPF）是微软公司所推出的基于 Windows Vista 的下一代用户界面架构，是 NET 架构的组成部分。长期以来，基于 Windows 的应用程序和基于 Web 的应用程序在代码编写上完全不同，Windows 应用程序可以有更为复杂的功能设计，Web 应用程序在功能上相对简单，但却可以拥有漂亮、亲和的用户界面，二者难以兼得。很多应用为了兼顾这二点，往往需要开发基于 Windows 和 Web 的两套不同系统，由于二者在代码编写方式上的不兼容，导致开发成本成倍增加。而 WPF 的出现则是较为完美地解决了这一问题，其可扩展应用程序标识语言（XAML），使得界面表现层与后台的功能代码可完全分离，这样使得整个 WPF 应用程序的代码稍做修改即可形成相应的 Web 应用程序，使得基于 Windows 的应用程序和基于 Web 的应用程序功能代码和界面表面上保持完全一致，即减少了程序人员的工作量，同时又便于系统代码的维护管理（图 6-11、图 6-12）。

图 6-11 触摸屏施肥咨询系统首页

图 6-12 触摸屏施肥咨询系统主界面

2. 触摸屏系统主要功能

软件系统的功能都因需求而设计，不同的用户群体决定着不同的应用需求。触摸屏施肥咨询系统将部署于乡镇农技指导处、农资经销点、村委会和农业园区，其用户对象即为基层农技人员和农民用户，相对来说这部分直接农民用户的文化程度总体稍低，因此触摸屏施肥咨询系统在功能设计上就需要简单、实用、易用，在操作上尽可能少地要求用户输入和设置。本着这样的设计宗旨，本系统设计了这样一些功能模块。

（1）多点触摸缩放浏览。基于 WPF 技术设计的地图，支持两点触摸操控（需要多点触摸硬件的支持），即通过两个手指同时点触地图并收拢或开展手指，即可实现地图的同步、平缓地缩小或放大。无需切换功能按键，单指点触地图并拖动，即可实现地图的平移（漫游）浏览（图 6-13）。

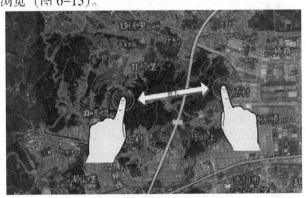

图 6-13　多点触摸——地图放大

（2）村庄级地图定位。为便于农民用户快速找到自己的田块，通过在区域选择栏中的单指点触，即可在弹出式下拉列表中选择所在的乡镇、行政村，点选后地图将自动平缓缩放或移动至相应的村域范围，用户即可通过高清卫星影像辨识自家田块所在位置（图 6-14）。

图 6-14　行政村定位查找

（3）点触式施肥咨询。用户只需要在高清底图上找到关注的田块并单指点触，系统即可获取相应田块的土壤养分信息，并根据有机质、全氮、有效磷和速效钾 4 要素水平计算推荐施肥用量，以弹出对话框的形式返回咨询结果，包括土壤养分信息和针对特定作物的详细施肥方案。对于同一种作物，最多提供配方肥和单质肥两套对应的详细施肥方案（输入式施肥咨询与此同），参见图 6-15。

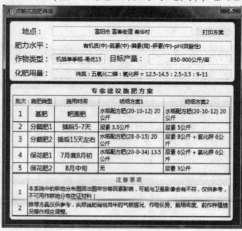

图 6-15　点触式施肥咨询对话框

（4）输入式施肥咨询。参见图 6-16。

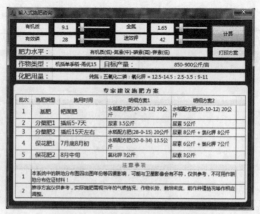

图 6-16　输入式施肥咨询对话框

192

　　当田块的养分信息已有更新，或是想通过系统了解一下针对某种作物在不同土壤地力水平下的详细施肥方案差异时，即可使用输入式施肥咨询功能。本系统通过有机质、全氮、有效磷和速效钾4个土壤养分指标高低来确定施肥方案。通过输入养分数值（或拖动滑块自动填入数值），选定作物类型，再点击"计算"按钮，即可获得相应的专家建议施肥方案。

　　（5）多作物施肥方案切换。根据当地主栽的农经作物类型，可针对性地增删施肥咨询系统作物。在点触式或输入式施肥咨询对话框中点触"作物类型"，即可加载并显示系统中设置的作物类型列表，通过点触即可实现不同作物的自由切换（图6-17）。

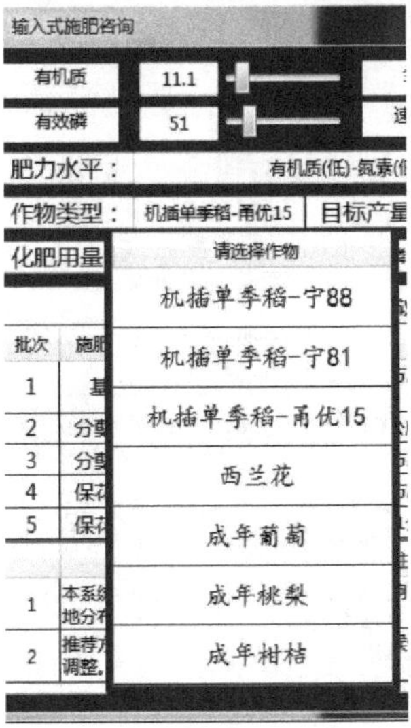

图6-17　作物类型选择切换列表

　　可针对不同的作物设置不同的地力分级标准，在作物类型切换后，系统会自动根据选择的作物使用相应的标准对地力进行重新分等定级，从而重新确定相应的施肥方案。

　　（6）打印施肥建议卡。系统会自动检测当前电脑上有否安装打印机驱动程序，如有安装则自动启用"打印施肥建议卡"功能，如未安装则打印功能无效。

　　通过点触式或输入式施肥咨询对话框中的"打印方案"按钮

即可打印针对当前作物、当前地力水平的专家建议施肥方案（图6-18）。

```
==================施肥建议卡==================
地块属地: 富阳市 宜春街道 春华村
作物类型: 机插单季稻-甬优15
目标产量: 850-900公斤/亩
地力水平:
   有机质(中)-氮素(中)-磷素(高)-钾素(中)-pH(微酸
性)
化肥总量控制:
   纯氮: 五氧化二磷: 氧化钾 = 12.5-14.5: 2.5-3.5:
9-11

---专家建议施肥方案明细--------------
---方案1---
   1. 基肥: 耙面肥,水稻配方肥(20-10-12) 20公斤
   2. 分蘖肥1: 插后5-7天,尿素 3.5公斤
   3. 分蘖肥2: 插后15天左右,水稻配方肥(28-0-15) 20
公斤
   4. 保花肥1: 7月底8月初,水稻配方肥(20-0-34) 13.5
公斤
   5. 保花肥2: 8月中旬,无
---方案2---
   1. 基肥: 耙面肥,水稻配方肥(20-10-12) 20公斤
   2. 分蘖肥1: 插后5-7天,尿素 5公斤
   3. 分蘖肥2: 插后15天左右,尿素 8公斤 + 氧化钾 6公
斤
   4. 保花肥1: 7月底8月初,尿素 6公斤 + 氧化钾 6公斤
   5. 保花肥2: 8月中旬,尿素 3公斤
---注意事项-------------------
   1. 本系统中的耕地分布图因出图年份等因素影响,可
能与卫星影像会有不符,仅供参考,不可用作耕地分布
佐证材料!
   2. 推荐方案仅供参考,实际施肥需视当年的气候情
况、作物长势、栽培密度、前作种植情况等作相应调
整。
==============================
XXX农业技术推广总站
XXX-XXXXXXXX
2014/12/23 16:37:42
```

图6-18 施肥建议卡

（7）化肥等量换算。系统推荐的施肥方案可能由专家认为合适的多种肥料组成，或是特定比例的配方肥，但当地农资经销点可能无此化肥或配方肥，这就需要对方案中的建议肥料类型进行等效换算。通过等量换算模块，选择相应的配方肥并设定用量，系统即可换算出等效的单质肥组合类型和用量，对于不同类型的氮、磷、钾素单质肥内部之间，也可自由选择、自动换算，在不违背特定作物施肥禁忌的前提下，方便用户自行选购、搭配。

本系统的施肥方案中可实现单质肥、配方肥或二者的混合施用。由于肥料种类较多，专家建议的肥料类型或许因客观原因无法买到，或者用户想自行换用另外的肥料，系统中提供了不同肥料等量换算模块（图6-19）。

图6-19　肥料换算对话框

点触肥料名称会自动加载相应的肥料类型列表，设定用量，系统即可自动进行换算。可实现配方肥到单质肥的换算，也可实现单质肥内部换算。

（8）农资经销点定位。为方便用户查找本区域的农资经销点，系统中以列表形式展示了本区域内的所有农资点信息，包括农资点名称、联系人、联系电话、地址等，并且以高清卫星影像地图为背景，通过在列表中的点选，即可实现相应农资点在地图上的标示，并平缓缩放、漫游至相应位置为中心（图6-20）。

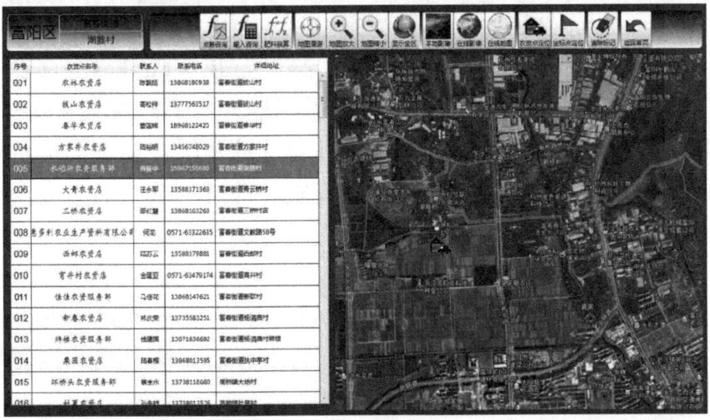

图6-20　农资点定位

三、Web GIS 施肥咨询系统

相对于触摸屏应用，在 Internet 网络可及之处，基于浏览器的 Web 应用具有更为广泛的推广覆盖面。因此，在开发 C/S 端应用的同时，也开发了基于 B/S 模式的 Web GIS 施肥咨询系统。

1. Web GIS 系统界面设计

Web GIS 施肥咨询系统基于 Silverlight 技术架构，在界面风格设计、数据服务和施肥方案等方面均与基于 WPF 的触摸屏施肥咨询系统共享（图 6-21）。

图 6-21　Web GIS 施肥咨询系统首页

本系统支持当前主流的各大浏览器，如 IE、FireFox、百度浏览器、360 浏览器、Chome 等，用户只需在地址栏中输入 http://ferti.zjsoil.net/330183 即可登录该系统。在首次使用时，系统会提示安装 Silverlight 插件，用户只需按提示逐步安装即可。系统面向大众用户设计，登录无需用户名、密码。

2. Web GIS 系统主要功能

与触摸屏施肥咨询系统一样，Web GIS 施肥咨询系统的设计也是本着面向大众、简单易用的原则，力求界面简洁美观。主要功能模块如下：

（1）缩放漫游。如同触摸屏施肥咨询系统一样，Web GIS 施肥

咨询系统也支持缩放、漫游等最为基本的地图操作。

地图漫游：在地图浏览模式下，点按鼠标左键，然后拖动地图，图面视野即跟着鼠标方向同步移动。点按鼠标左键快速滑动并释放，地图将向鼠标移动的方向做惯性移动，其移动量与鼠标滑动速度相关。

地图缩放：使用鼠标中键滚轮上下滚动，即可实现地图缩放；向上滚动放大地图；向下滚动缩小地图（图6-22）。

在支持多点触摸的电脑上，即通过两个手指同时点触地图并收拢或开展手指，亦可实现地图的同步、平缓地缩小或放大。

Web GIS 施肥咨询系统支持多源底图，可实现天地图卫星影像、天地图矢量地图和自定义卫星影像地图这3种底图的自由切换。

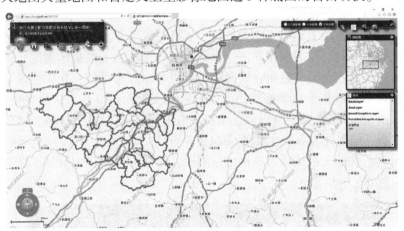

图6-22 Web 底图切换（天地矢量地图）

（2）村镇定位。与触摸屏施肥咨询系统一样，为便于农民用户快速找到自己的田块，通过点按左上角工具条中的"村镇定位"工具，即可实现目标乡镇、行政村的定位。点按该工具后，系统将显示乡镇定位窗口，并以列表形式显示当前县（市/区）下属的乡镇、街道。点选其中的一个乡镇后，地图缩放至该乡镇的范围，同时显示村庄定位窗口，加载该乡镇下属的村庄列表。点选其中某个村庄，地图即缩放至该村庄范围。再次点按"村镇定位"工具，收起乡镇、村庄定位窗口；也可直接关闭村镇定位窗口（图6-23）。

图 6-23 村镇定位

（3）属性查询

首先在左上角工具条中点按"属性查询"工具，显示属性显示窗口。此时，在查询模式下，鼠标左键点击地图上的耕地图斑，该图斑将以蓝色高亮显示，同时以小红点标示点击位置；在属性显示窗口中显示点击位置的经纬度坐标以及田畈归属（县市区、乡镇、村庄）、土壤类型、有机质、全氮、有效磷、速效钾、pH 值、剖面构型、地力等级等属性（图 6-24）。

点鼠标点击位置为非耕地范围时，属性显示窗口中只显示点击位置的坐标信息。

图 6-24 属性查询

在工具条中再次点按"属性查询"工具，收起属性显示窗口；也可直接关闭属性显示窗口。

（4）施肥咨询

首先在左上角工具条中点按"施肥咨询"工具，显示施肥咨询窗口。此时，在查询模式下，鼠标左键点击地图上的耕地图斑，该图斑将以蓝色高亮显示，同时以小红点标示点击位置；系统会根据查询获得当前耕地养分信息，结合选定的作物类型和种植模式，在施肥咨询窗口中显示该地块的土壤有机质、全氮、有效磷、速效钾和 pH 水平和相应的施肥方案（图 6-25）。

图 6-25　输入式施肥咨询对话框

在施肥咨询窗口中点击作物类型，即会显示当地主栽的作物类型列表，通过点选实现不同作物类型的切换。作物类型切换后，肥力水平和施肥方案也作相应改变。

在工具条中再次点按"施肥咨询"工具，收起施肥咨询窗口。

（5）坐标点定位。参见图 6-26。

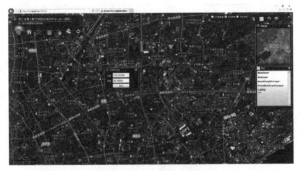

图 6-26　坐标点定位

工具条中点按"坐标点定位"工具，即显示坐标点定位窗口。在定位窗口中输入目标位置的十进制格式的纬度、纬度数据，然后再按"定位"，即可在地图上以小红旗标示目标位置，同时地图移动至该点为中心。

（6）农资点定位。与触摸屏施肥咨询系统相同，为方便用户查找本区域的农资经销点，进行当地农资点的定准。点按工具条中的"农资点定位"工具，显示农资点列表窗口，列表中显示当地（县/市/区）的主要农资点名称、联系人、电话、地址等简要信息。点选其中的一个农资点（一条记录），系统将在地图上标示农资点位置，并移动至以该点为中心（图 6-27）。

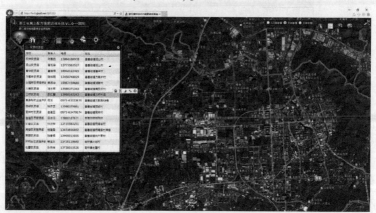

图 6-27　农资点定位

在列表中点选不同的农资点，系统会在地图上进行依次标示，完成标示后缩小地图，即可查看全县农资点的总体分布。

四、施肥咨询移动 APP

由于智能手机应用的普及，移动 APP 的应用和需求也日益增加。通过智能手机、平板电脑等移动平台接入互联网，从而实现基于网络的施肥技术咨询服务，也成了科学施肥技术推广的重要手段之一。当前移动客户端操作系统以安卓（Andriod）和苹果（iOS）两大平台为主流，因此针对这两大平台分别开发集成了施肥咨询 APP。

1. 移动 APP 界面设计

因手机屏幕相对较小，且用户面向基层，施肥咨询移动 APP 在界面和功能上都力求简洁、易用。Android 版的 APP "肥克施"，以 Android Studio 为开发环境，基于 ArcGIS Runtime for Android 开发集成。界面风格与触摸屏施肥咨询系统、Web GIS 施肥咨询系统一致。

图 6-28 施肥咨询 APP 主界面

2. 移动 APP 主要功能

施肥咨询移动 APP 在功能设计上也是参考 Web GIS 施肥咨询系统，除了与所有地理信息系统 APP 一样支持最基本的地图缩放、漫游功能外，肥克施还支持底图切换、村镇定位、GPS 定位和施肥咨询等主要功能（图 6-28）。

（1）底图切换。因考虑到地图 APP 在使用中所需网络流量较高，并且施肥 APP 在野外田间使用的频率相对较高，而当前移动 4G 网络的野外覆盖率尚不足且流量费用相对偏高等因素，肥克施 APP 在设计时考虑了离线底图和在线底图两种模式，以便在信号不足或节省流量时切换为离线模式，提升用户体验。如图 6-29 所示，关闭在线模式即切换至离线模式。点触主界面右上角的"切换底图"按钮即可显示底图切换窗口；再次点触或在切换窗口外地图任意处点击可收起底图切换窗口。

由于离线地图包容量较大，一个县级范围 1~16 级卫星瓦片影像的离线包大小可达 2~3GB，因而不便与 APP 随同打包，需要在 APP 安装部署后自行拷入手机或平板存储卡中。底图离线地图包支持 TPK 和 MbTiles 两种格式（图 6-29）。

在线底图支持天地图影像、天地图矢量、自定义影像 3 种数据源的地图服务，自定义数据源为 ArcGIS Server 所发布的地图服务。

图 6-29 APP 底图切换

（2）村镇定位。点触主界面右上方的"村镇定位"工具，即在主界面底部显示村镇选择按钮。点击"选择乡镇"，系统以列表显示当前县市下属的乡镇，点触选择，地图缩放至相应的乡镇范围；选定乡镇后再点击"选择村庄"，列表显示下属村庄，点触选择，地图缩放至相应村庄范围（图 6-30）。

图 6-30　村镇定位

（3）GPS 定位。点触主界面左上方的"GPS 定位"按钮，系统进入 GPS 模式，通过手机或平板自带的 GPS 获取当前所处位置坐标，地图移动至相应坐标为中心。每间隔 3 秒，系统进行一次重新定位，如有位置变化则地图相应移动。再次点触"GPS 定位"按钮，停止 GPS 定位，系统切换回常规状态（图 6-31）。

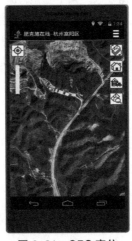

图 6-31　GPS 定位

（4）施肥咨询。通过村镇定位、地图缩放漫游等操作在地图中找到目标田畈，快速双击该田畈，即可进行施肥咨询，咨询信息窗口中显示地块归属、土壤养分水平、目标产量、建议用肥量和选定作物的明细施肥方案，并在最后显示施肥宜忌等注意事项。因显示屏大小限制，可通过在咨询信息窗口中上下滑动以查看完整的咨询内容（图6-32）。

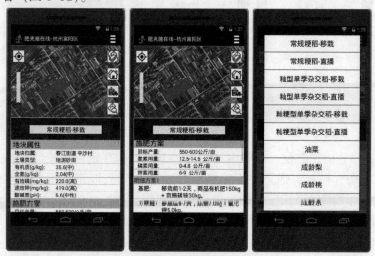

图6-32 APP施肥咨询

在施肥咨询信息窗口的作物类型栏左右滑动，可实现不同作物类型的切换。点击作物类型区域，也可以选择列表的形式进行作物类型切换。作物类型切换后，咨询信息相应变化。

主要参考文献

陈晨，高晓明，胡宏，等. 2010. 我国缓控释肥的研究进展 [J]. 河北工业.

陈科，吕晓男，张培杰，等. 2009. 基于 GIS 的测土配方施肥技术研究与应用 [J]. 浙江农业科学.

董元华. 2015. 有机肥与耕地土壤质量研究 [M]. 中国科学院院刊.

杜昌文，周健民，王火焰. 2005. 聚合物包膜肥料研究进展 [J]. 长江流域资源与环境.

杜建军，廖宗文，宋波，等. 2002. 包膜控释肥养分释放特性评价方法的研究进展 [J]. 植物营养与肥料学报.

董越勇，管孝锋，陶忠良，等. 2012. 浙江省现代农业地理信息系统及其应用. 浙江农业科学 [J].

樊小林，刘芳，廖照源，等. 2009. 我国控释肥料研究的现状和展望 [J]. 植物营养与肥料学报.

高祥照，申眺，郑义，等. 2002. 肥料实用手册 [M]. 北京：中国农业出版社.

高志博，王晓宇，等. 2006. 缓释肥料脲甲醛的研究进展 [J]. 高师理科学刊.

何念祖，孟赐福. 1987. 植物营养原理 [M]. 上海：上海科学技术出版社.

侯顺艳，王秀，薛绪掌，等. 2003. 土壤精准管理变量施肥地理信息系统的应用研究 [J]. 河北大学学报（自然科学版）.

侯侠，刘国富. 2007. ArcGIS 中地统计功能的应用研究 [J]. 黑龙江科技信息.

胡之廉. 1990. 浙江省水稻配方施肥的形成与发展 [J]. 土壤.

蒋玉根. 2012. 富阳耕地质量管理与施肥 [M]. 北京：中国农业科学技术出版社.

骆永明，吴龙华，胡鹏杰，等. 2015. 锌镉污染土壤的超积累植物修复研究 [M]. 北京：科学出版社.

吕云峰. 2009. 脲甲醛缓释肥料 [J]. 磷肥与复肥.

刘煜. 2015. 缓控释肥料在我国的发展、种类与管理 [J]. 种业导刊.

麻万诸，吕晓男，陈晓佳. 2009. "3S"技术在土壤养分空间变异研究中的应用 [J]. 农业网络信息.

麻万诸，李丽，陆若辉，等. 2015. 基于 ArcGIS Runtime for WPF 的触摸屏施肥咨询系统集成与应用 [J]. 浙江农业学报.

农业部农民科技教育培训中心，中央农业广播电视学校. 2008. 测土配方施肥技术 [M]. 北京：中国农业科学技术出版社.

全国农技服务中心. 2012. 测土配方施肥技术模式 [M]. 北京：中国农业出版社.

石伟勇. 2005. 植物营养诊断与施肥 [M]. 北京：中国农业出版社.

石伟勇，马国瑞. 2014. 高效使用化肥 200 问 [M]. 北京：中国农业出版社.

石元亮. 2016. 稳定性肥料对农业的贡献. 第二十二届全国磷复肥行业年会资料汇编.

苏旭明，谭建成. 2012. Web GIS 中瓦片地图关键技术研究 [J]. 北京测绘.

王恩飞，崔智多，何璐，等. 2011. 我国缓/控释肥研究现状和发展趋势 [J]. 安徽农业科学.

吴豪翔，蒋玉根，张鉴滔，等. 2011. 县级农田地力分等定级评价与施肥综合管理 [J]. 农业工程学报.

徐明岗，曾希柏，周世伟，等. 2014. 施肥与土壤重金属污染修复 [M]. 北京：科学出版社.

徐坚，高春丽. 2014. 水肥一体化实用技术 [M]. 北京：中国农业出版社.

夏敬源，张福锁. 2007. 国内外灌溉施肥技术研究与进展 [M]. 北京：中国农业出版社.

游彩霞，高春丽. 2015. 农业面源污染防治实用技术 [M]. 北京：中国农业出版社.

袁洋. 2009. 包膜缓控释肥用包膜材料的探讨 [J]. 磷肥与复肥.

杨丽，周丽君. 2006. 控释肥料的研究动态和展望 [J]. 垦殖与稻作.

杨同文，尹飞，杨志丹，等. 2003. 包膜肥料研究现状与进展 [J]. 河南农业大学学报.

杨骏，李中华，倪明涛. 2011. Google Maps 坐标偏移的修正算法 [J]. 计算机工程与应用.

张承林，邓兰生. 2012. 水肥一体化技术 [M]. 北京：中国农业出版社.

张民，杨越超，宋付鹏. 2005. 包膜控释肥料研究与产业化开发 [J]. 化肥工业.

赵琳琳，熊汉国. 2006. 包膜化肥的特点及应用概况 [J]. 湖北农业科学.

张文辉，丁巍巍，张勇，等. 2011. 脲甲醛缓释肥料的研究进展 [J]. 化工进展.

赵艳萍，马友华，王强，等. 2006. 信息技术在测土配方施肥中的运用 [J]. 中国农学通报.

郑可锋，祝利莉，胡为群，等. 2005. 农业地理信息系统的总体设计与实现 [J]. 浙江农业科学.

张利利，李仁义，马进，等. 2017. WPF技术在医疗数据访问与打印中的应用研究 [J]. 医疗卫生装备.

Esri.ArcGIS 高级地图缓存技术. 2011. http：//www.esrichina.com.cn/2011UC/upload/ArcGIS%E9%AB%98%E7%BA%A7%E5%9C%B0%E5%9B%BE%E7%BC%93%E5%AD%98%E6%8A%80%E6%9C%AF.pdf.